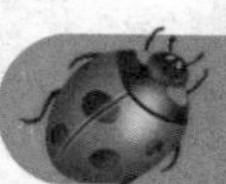

十万个未解之谜系列

SHENGMING

生命之谜

青少科普编委会 编著

吉林出版集团
Jilin Publishing Group
吉林科学技术出版社
Jilin Science&Technology Publishing House

前言

Foreword

地球上生活着成千上万种动植物和微生物，它们一起构成了一个蜂飞蝶舞、鸟语花香、山清水秀、绚丽多彩的生命世界。从高山到平原，从沙漠到草原，从空中到江河湖海，从地表到地下……到处都有生命的踪迹。然而，生命究竟是什么？生命的源头又在哪里？这些令人困惑不解的谜团，吸引着人们巨大的兴趣和关注。为了揭开这些生命之谜，从古至今有不少的学者积极探索，作出过很多富有想象力的猜测和饱含哲理的思考。

生命的现象绚丽多彩，生命的奥妙无穷无尽。地球之所以和我们所知的其他任何一个星球不同，就因为它拥有千姿百态的生命。

本书通俗易懂地介绍了人们对生命现象的各种认识：生命的起源和进化、各种生命的世界、生命共同的家园等。相信读完这本书，一定能使读者沿着历史的足迹，回顾古往今来在探索生命之谜的征途上，人们所走过的漫长道路。

目录

Contents

万物之始

14 什么是生命？
14 生命与非生命物质有什么区别？
15 最早的生命出现在什么时候？
15 生命是怎样诞生的？
16 生命的发源地在哪里？
16 为什么说生命的诞生离不开太阳？
17 古人为什么认为万物都是神创造的？
17 谁是我国神话中开天辟地的大英雄？
18 荀子在什么作品中提到了自生论的观点？
18 生命是从地球以外的宇宙中“飞来的”吗？
19 生命来自于“原始汤”吗？
19 地球上的生命是彗星带来的吗？
20 你听过寒武纪生命大爆炸事件吗？
20 史前各个年代是怎样划分的？
21 生物物种究竟有多少种？
21 生物是怎么分类的？

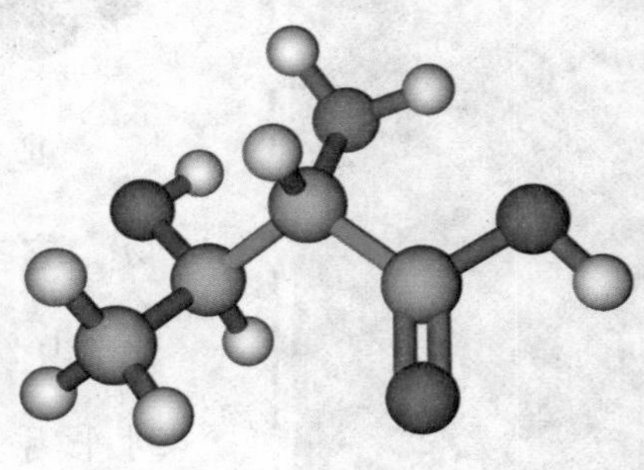

生命奥秘

24 什么是进化？
24 为什么说人类是生物进化的最高峰？
25 先有鸡还是先有蛋？
26 为什么说细胞是生命的基本单位？
26 细胞长什么样？
27 细胞有多大？
27 你知道细胞的基本构造吗？
28 细胞是怎么分类的？
28 为什么会有细胞分裂？
29 什么是细胞周期？
29 什么是遗传？什么是变异？
30 谁发现了生物的遗传规律？

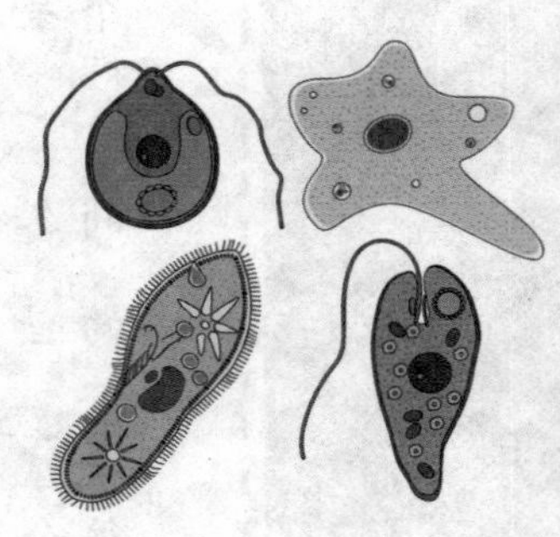

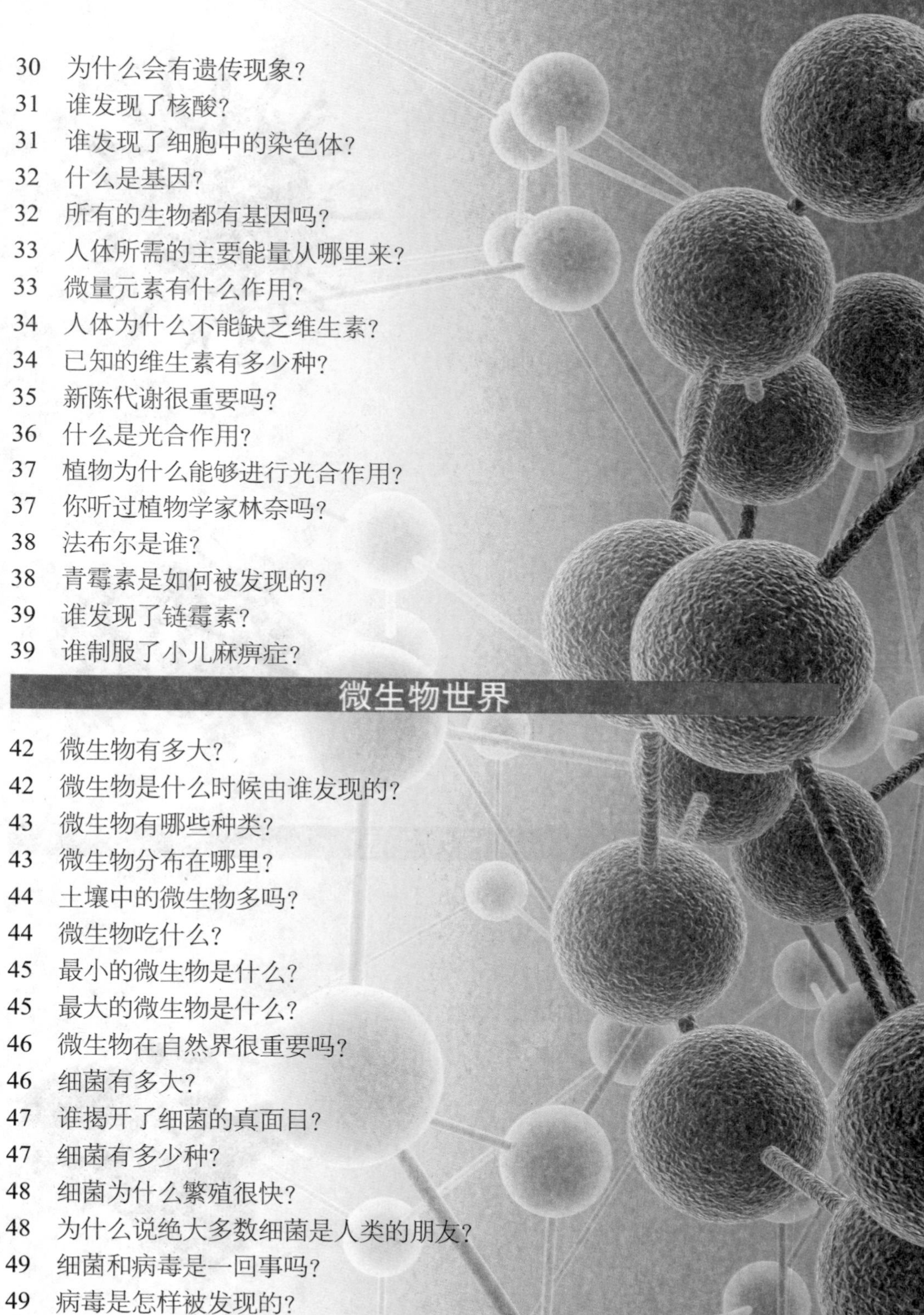

30 为什么会有遗传现象?
31 谁发现了核酸?
31 谁发现了细胞中的染色体?
32 什么是基因?
32 所有的生物都有基因吗?
33 人体所需的主要能量从哪里来?
33 微量元素有什么作用?
34 人体为什么不能缺乏维生素?
34 已知的维生素有多少种?
35 新陈代谢很重要吗?
36 什么是光合作用?
37 植物为什么能够进行光合作用?
37 你听过植物学家林奈吗?
38 法布尔是谁?
38 青霉素是如何被发现的?
39 谁发现了链霉素?
39 谁制服了小儿麻痹症?

微生物世界

42 微生物有多大?
42 微生物是什么时候由谁发现的?
43 微生物有哪些种类?
43 微生物分布在哪里?
44 土壤中的微生物多吗?
44 微生物吃什么?
45 最小的微生物是什么?
45 最大的微生物是什么?
46 微生物在自然界很重要吗?
46 细菌有多大?
47 谁揭开了细菌的真面目?
47 细菌有多少种?
48 细菌为什么繁殖很快?
48 为什么说绝大多数细菌是人类的朋友?
49 细菌和病毒是一回事吗?
49 病毒是怎样被发现的?

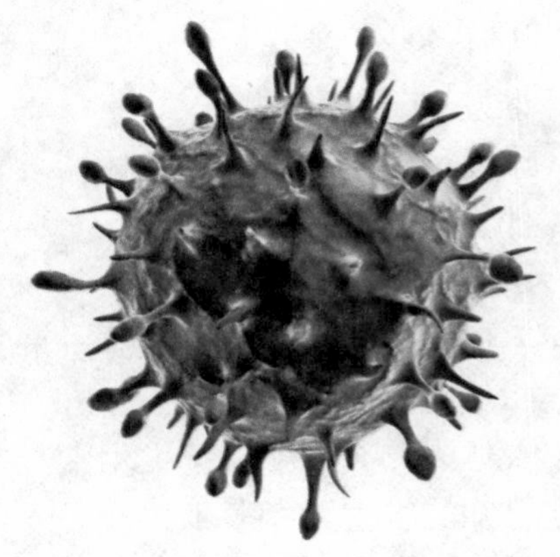

50 病毒有多小？
50 病毒是最小的生物吗？
51 为什么说病毒是人类的大敌？
52 疫苗是怎么制作出来的？
52 谁发明了预防天花病毒的疫苗？
53 乙型肝炎可以预防吗？
53 什么是狂犬病？
54 酸奶是怎么来的？
55 泥土为什么会有一股土腥味？
55 为什么有害菌很难被杀灭？
56 谁是微生物中最大的家族？
56 真菌是怎么繁殖的？
57 蘑菇是植物还是菌类？
57 灵芝草也属于菌类吗
58 你听说过茯苓吗？
58 冬虫夏草是动物还是植物？
59 为什么东西放久了会发霉？
59 为什么蒸馒头要放入酵母？
60 银耳为什么被称为“菌中之冠”？
60 你听说过猴头菇吗？
61 蘑菇也会吃虫吗？

植物王国

64 你知道最早出现的绿色植物吗？
64 为什么说蓝藻的出现很重要？
65 裸蕨植物出现在什么时候？
65 世界上现存最古老的是什么树？
66 蕨类植物繁盛于什么时候？
66 为什么史前植物都很高大？
67 什么是被子植物？
67 恐龙时代的植物会开花吗？
68 苏铁是什么时候出现的？
68 银杏是植物中“活化石”吗？
69 森林是什么时候出现的？

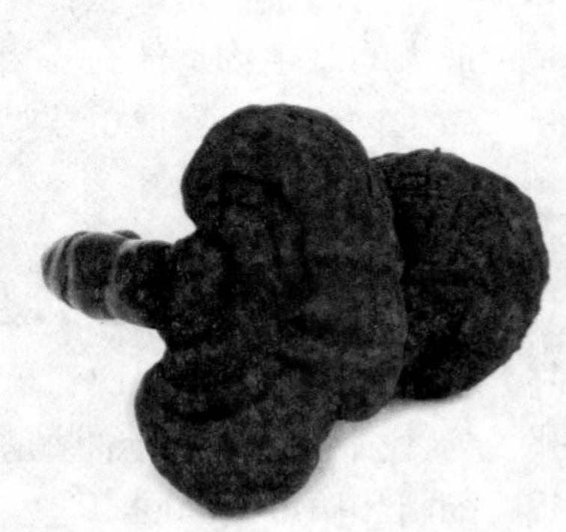

70　植物是怎么分类的?
70　植物和动物有什么区别?
71　植物也有胎生的吗?
71　植物也有血型吗?
72　植物也会睡觉吗?
72　植物都开花吗?
73　植物是怎样繁殖后代的?
73　树的年轮是怎么来的?
74　植物的根怎样来吸取水分?
74　为什么植物的根向下生长?
75　为什么很多植物的根部都长满了“瘤子”?
76　为什么说植物的根会寻找食物?
76　旱地里植物的根为什么扎得特别深?
77　有没有朝上生长的根?
77　佛手瓜是胎生植物吗?
78　你听过无茎无叶无根的花吗?
78　为什么植物的茎向上生长?
79　为什么有些植物的茎中间是空的?
79　为什么藕切断后还有藕丝?
80　为什么高原上的植物都很矮小?
80　为什么要在清晨割橡胶?
81　树干为什么是圆柱形的?
81　为什么植物在不同的季节开花?
82　为什么高山上的花朵特别鲜艳?
82　为什么色彩艳丽的花通常没有香味?
83　为什么蒲公英的果实能飞上天?
83　巧克力是用可可豆做的吗?
84　为什么黄连特别苦?
84　为什么植物的叶子各不相同?
85　有红色的叶子吗?
85　叶子为什么是扁平的?
86　秋天叶子为什么变黄?
86　花为什么是五颜六色的?
87　花也有性别吗?

87　有没有黑色的花？
88　为什么说君子兰不是兰花？
88　植物结果一定要开花吗？
89　植物可以给自己传播花粉吗？
90　植物的种子是个“大力士”吗？
90　杨树是怎样传播种子的？
91　香蕉有没有种子？
91　为什么苍耳会贴在动物身上？
92　地衣为什么能死而复生？
92　水生植物为什么不会腐烂？
93　为什么把人参称为“百草之王”？
93　为什么韭菜割了还会长？
94　人类最早的粮食作物是什么？
94　水稻是水生植物吗？
95　为什么胡萝卜被称为“小人参”？

动物的演变

98　为什么说三叶虫是早期动物界之王？
99　三叶虫大约生活在什么时候？
99　三叶虫是什么时候灭绝的？
100　鱼类的祖先是谁？
100　甲胄鱼出现在什么时候？
101　古生代的鱼为什么用肺呼吸？
101　今天的鱼用什么呼吸？
102　鹦鹉螺灭绝了吗？
102　海洋动物谁第一个登上陆地？
103　鱼类是两栖动物的祖先吗？

103　石炭纪的昆虫为什么个头很大？
104　恐龙是什么时候出现的？
104　恐龙统治地球多长时间？
105　恐龙为什么会灭绝？
105　谁取代了恐龙成为新的地球霸主？
106　哺乳动物为什么没有同恐龙一起灭绝？
106　谁是鸟类的祖先？
107　猛犸象为什么会绝迹？
107　动物是怎么分类的？
108　动物会不会做梦？
108　谁是动物中的跳高冠军？
109　哪些动物需要冬眠？
110　动物冬眠时为什么不会饿死？
110　动物妈妈如何照顾自己的孩子？
111　动物也流眼泪吗？
111　动物为什么会有预感？
112　蝙蝠是鸟吗？
112　为什么兔子吃自己的粪便？
113　白鳍豚为什么成为濒危物种？
114　穿山甲以什么为食？

人类的进化

116　你知道上帝造人的故事吗？
116　你听过女娲造人的故事吗？
117　最早提出生物进化学说的人是谁？
117　最完整地论述生物进化观点的人是谁？
118　人类的祖先什么时候出现？
118　为什么说人是由古猿进化来的？
119　为什么说人是一种动物？
119　人和动物有什么区别？
120　人是脊椎动物吗？
120　为什么说人是哺乳动物？
121　为什么说人是灵长类动物？
121　为什么说人是一种猿？

122 人类最初使用什么工具？
122 火是怎么来的？
123 人类早期的房子是什么样子的？
123 人为什么不长尾巴？
124 人的进化经历了几个阶段？
124 最早发现的人类化石是什么？
125 南方古猿是人类吗？
125 最早的南方古猿化石是怎样发现的？
126 什么是猿人？
126 南方古猿是怎样生存的？
127 皮尔当人是怎么回事？
128 最早发现的直立人化石是什么？
128 你知道最著名的直立人化石吗？
129 直立人是怎样生活的？
129 什么是智人？
130 尼安德特人是人类吗？
130 克罗马农人是现代人吗？
131 世界上究竟有没有“野人”？
131 千年古尸能复活吗？
132 古人的脑容量比现代人大吗？
132 远古有没有食人风俗？
133 性别是由什么决定的？
133 双胞胎的 DNA 是一样的吗？
134 人的智力能遗传吗？
135 肥胖与遗传有关吗？
135 疼痛究竟是怎么一回事？
136 疾病为什么会遗传？
136 哪些疾病会遗传？
137 记忆可以移植吗？
137 人体会发光吗？
138 能用人体发光看病吗？
138 试管婴儿是怎样培育出来的？
139 可以人工制造血液吗？
139 有人工大脑吗？

140 听声音可以诊断食管癌吗?
140 听诊器是怎样工作的?
140 人类能征服艾滋病吗?
142 什么是转基因食品?
142 转基因食品对人体有利还是有弊?
143 长寿能遗传吗?
143 衰老是从什么时候开始的?
144 血型与寿命有关系吗?
144 人类还在进化吗?
145 现在的猿还能进化为人类吗?
146 人体内有"年轮"吗?
146 未来人类能活多少岁?
147 50万年后的人将是什么模样?
147 人能通过科学方法复制自己吗?

生态家园

150 什么是生物圈?
151 食物链是怎么回事?
151 动物最终都会成为植物的"食物"吗?
152 南极磷虾如果被捕捞会造成什么后果?
152 为什么澳大利亚的袋鼠特别多?
153 为什么渡渡鸟会灭绝?
153 河狸筑坝会影响周围的生态环境吗?
154 北极大企鹅是怎样灭绝的?
154 人们为什么要捕杀鲸?
155 鲸的灭绝会对人类造成什么影响?
155 动物为什么会灭绝?
156 为什么地球上的物种会急剧减少?
156 为什么要保护红树林?
157 为什么要保护珊瑚礁群?
157 为什么要保护珍稀野生动植物?
158 如果没有植物,人类会怎么样?
159 你知道世界环境日是什么时候?
159 为什么要建立自然保护区?

万物之始>>>

距今约46亿年前，地球诞生之初，是一个没有生命的荒凉沉寂的世界。大约过了10亿年的时间，地球上才出现了简单的原始生命。正是因为有了这最初的生命形式，才逐渐演化出了我们现在这个生机盎然的世界。

shén me shì shēngmìng
什么是生命？

shì jiè shang zuì lìng rén jīng qí de mò guò yú shēngmìngběnshēn tōngcháng wǒ men bǎ
世界上最令人惊奇的，莫过于生命本身。通常，我们把
jù yǒu xīn chén dài xiè néng lì kě yǐ fán zhí hòu dài bìng qiě yǒu yí chuánnéng lì kě yǐ zì jǐ
具有新陈代谢能力、可以繁殖后代并且有遗传能力、可以自己
shēngzhǎng fā yù duì wài jiè cì jī néngchǎnshēng fǎn
生长发育、对外界刺激能产生反
yìng de shēng wù tǐ jiào zuòshēngmìng
应的生物体，叫做生命。

生命的成长

植物死亡后，生命体就转为非生命体了。

shēngmìng yǔ fēi shēngmìng wù zhì yǒu shén me qū bié
生命与非生命物质有什么区别？

shēngmìng yǔ fēi shēngmìng de běn zhì qū bié zài yú shēngmìng kě yǐ jìn xíng xīn
生命与非生命的本质区别在于生命可以进行新
chén dài xiè yě jiù shì shuōshēngmìngyǒu bù duàn zì wǒ gēng xīn de néng lì shēngmìng
陈代谢，也就是说生命有不断自我更新的能力。生命
kě yǐ cóng wài jiè huò qǔ néngliàng bìng bǎ zì shēn bù xū yào de fèi wù pái chū tǐ
可以从外界获取能量，并把自身不需要的废物排出体
wài zhè jiù shì xīn chén dài xiè yī dàn shī qù le zhèzhǒngnéng lì shēng wù jiù huì
外，这就是新陈代谢。一旦失去了这种能力，生物就会
sǐ wáng shēngmìng jiù zhuǎnhuà wéi fēi shēngmìng le
死亡，生命就转化为非生命了。

zuì zǎo de shēngmìng chū xiàn zài shén me shí hou
最早的生命出现在什么时候？

dà yuē jù jīn yì niánqián dì qiú shangchū xiàn
大约距今35亿年前，地球上出现
le zuì yuán shǐ de shēngmìng zuì chū de shēngmìng hái méi yǒu
了最原始的生命。最初的生命还没有
wánzhěng de xì bāo dàn què yùn yù zhe wú xiàn de qián lì
完整的细胞，但却孕育着无限的潜力。
tā men zhú jiàn yǎn biànchéng dān xì bāo
它们逐渐演变成单细胞
de shēng wù yòu jìn ér fēn huàchéng
的生物，又进而分化成
le duō xì bāo de dòng zhí wù
了多细胞的动植物。

最早的单细胞生物不需要氧气就可以存活。

shēngmìng shì zěn yàng dàn shēng de
生命是怎样诞生的？

dì qiú zài yǔ zhòuzhōngxíngchéng yǐ hòu kāi shǐ shì méi yǒushēngmìng
地球在宇宙中形成以后，开始是没有生命
de jīng guò le yí duànmàncháng de huà xué yǎn huà dà qì zhōng de qīng
的。经过了一段漫长的化学演化，大气中的氢、
tàn yǎngděngyuán sù zài zì rán jiè gè zhǒngnéngyuán de zuòyòng xià zhú
碳、氧等元素在自然界各种能源的作用下，逐
jiàn hé chéng le dàn bái zhì hé suānděngshēng wù dà fēn zǐ dàn bái zhì
渐合成了蛋白质、核酸等生物大分子。蛋白质
hé hé suānchū xiàn hòu shēngmìng yě jiù suí zhī dànshēng le
和核酸出现后，生命也就随之诞生了。

在地球形成之初，雷鸣闪电现象不断，长时间的大雨形成了原始的海洋，为生命的诞生提供了条件。

海洋是生命的摇篮

shēngmìng de fā yuán dì zài nǎ lǐ

生命的发源地在哪里？

dì qiú shang de shēngmìng dōu fā yuán yú hǎi yáng dàn shēng chū qī de dì qiú huánjìng fēi
地球上的生命都发源于海洋。诞生初期的地球环境非
cháng è liè jiù lián zuì dī děng de shēng wù yě nán yǐ shēngcún dàn shì hǎi yáng lǐ yǒu fēng fù
常恶劣，就连最低等的生物也难以生存。但是海洋里有丰富
de shuǐ zī yuán yǒu xiāng duì wěn dìng de wēn dù hé yā lì huánjìng hái yǒu fēng fù de tàn qīng
的水资源，有相对稳定的温度和压力环境，还有丰富的碳、氢、
yǎng dàn děng yuán sù suǒ yǐ jīng guò màncháng de suì yuè zhōng yú xíngchéng le shēngmìng
氧、氮等元素，所以经过漫长的岁月，终于形成了生命。

wèi shén me shuō shēngmìng de dàn shēng lí bù kāi tài yáng

为什么说生命的诞生离不开太阳？

zuì chū de shēngmìng xíng shì dōu hěn jiǎn dān dàn tā men de dànshēng lí bù kāi tài yáng
最初的生命形式都很简单，但它们的诞生离不开太阳。
zài yuán shǐ hǎi yáng zhōng shēngmìng bì xū de suǒ yǒu huà xué wù zhì dōu yào zài zǐ wài xiàn de zhào
在原始海洋中，生命必需的所有化学物质都要在紫外线的照
shè xià cái néng zhì zào chū lái lí kāi tài yáng guāng yuán shǐ shēngmìng wú fǎ zì xíng zhì zào chū
射下才能制造出来，离开太阳光，原始生命无法自行制造出
zhè xiē wù zhì
这些物质。

生命的形成需要太阳光的参与。

古人为什么认为万物都是神创造的？

gǔ rén wèi shén me rèn wéi wàn wù dōu shì shén chuàng zào de

远古时期，科技并不发达。古人只能凭借看到的一切来猜测身边发生的事情，当一些现象无法解释的时候，人们就产生了各种幻想，认为世上存在一个无所不能的神，他创造了世间万物。

yuǎn gǔ shí qī, kē jì bìng bù fā dá. gǔ rén zhǐ néng píng jiè kàn dào de yī qiē lái cāi cè shēn biān fā shēng de shì qing, dāng yī xiē xiàn xiàng wú fǎ jiě shì de shí hou, rén men jiù chǎn shēng le gè zhǒng huàn xiǎng, rèn wéi shì shang cún zài yī gè wú suǒ bù néng de shén, tā chuàng zào le shì jiān wàn wù.

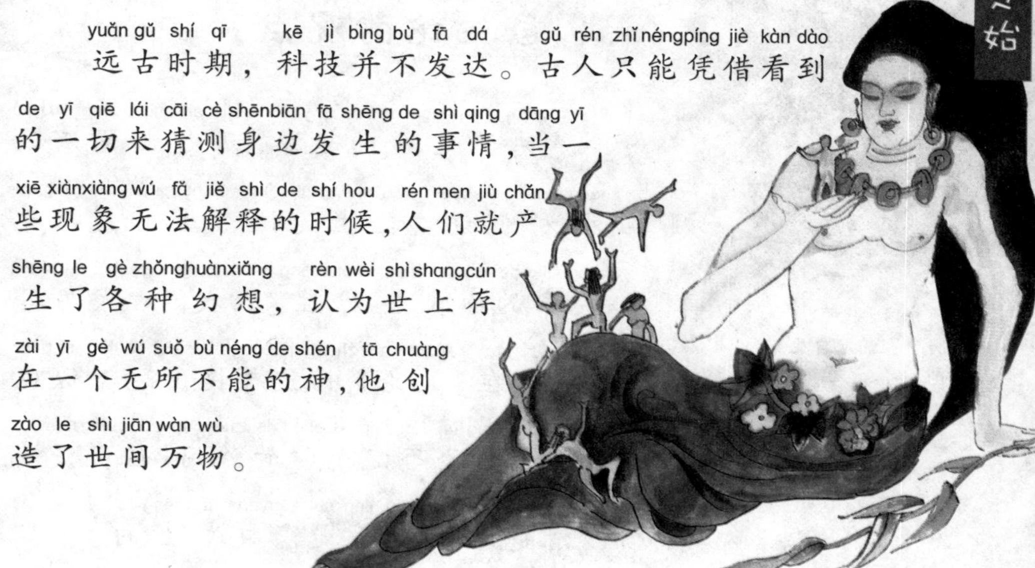

中国神话中造人的女娲

谁是我国神话中开天辟地的大英雄？

shuí shì wǒ guó shén huà zhōng kāi tiān pì dì de dà yīng xióng

在我国神话中，盘古是开天辟地的大英雄。传说远古时期天地就像个大鸡蛋一样混沌不清，是盘古用一把大斧头劈开了天和地，并用自己的身体化成了天地间的万物。

zài wǒ guó shén huà zhōng, pán gǔ shì kāi tiān pì dì de dà yīng xióng. chuán shuō yuǎn gǔ shí qī tiān dì jiù xiàng gè dà jī dàn yī yàng hùn dùn bù qīng, shì pán gǔ yòng yī bǎ dà fǔ tóu pī kāi le tiān hé dì, bìng yòng zì jǐ de shēn tǐ huà chéng le tiān dì jiān de wàn wù.

盘古开天辟地

xún zǐ zài shén me zuò pǐn zhōng tí dào le zì shēng lùn de guān diǎn
荀子在什么作品中提到了自生论的观点？

guān yú shēngmìng de qǐ yuán lì shǐ shang céng yǒu guò zhǒngzhǒng jiǎ shuō zì shēng lùn rèn wéi shēngmìng shì cóng wú shēngmìng de wù zhì zhōng chǎnshēng de wǒ guó gǔ dài sī xiǎng jiā xún zǐ zài tiān lùn zhōng jiù céng tí chū guò lèi sì guān diǎn zì shēng lùn fǒu dìng le shén de zuòyòng dàn bìng méi yǒu shuōqīng chǔ shēngmìng jiū jìng shì zěnyàng fā shēng de

关于生命的起源，历史上曾有过种种假说。自生论认为生命是从无生命的物质中产生的，我国古代思想家荀子在《天论》中就曾提出过类似观点。自生论否定了神的作用，但并没有说清楚生命究竟是怎样发生的。

中国古代的“腐草为萤”就是自生论的例子。

shēngmìng shì cóng dì qiú yǐ wài de yǔ zhòuzhōng fēi lái de ma
生命是从地球以外的宇宙中“飞来的”吗？

guò qù yǒu hěn duō rén dōu rèn wéi shēngmìng shì cóng yǔ zhòuzhōng fēi lái de zuì chū de shēngmìng suí zhe yǔn shí jiàng luò dào dì qiú shang qí shí yǔ zhòuzhōng chōngmǎn le gè zhǒng qiáng fú shè yǔ zhòuzhōng de shēngmìng zài zhèzhǒng fú shè xià gēn běn jiù wú fǎ shēngcún

过去，有很多人都认为生命是从宇宙中“飞来的”，最初的生命随着陨石降落到地球上。其实，宇宙中充满了各种强辐射，宇宙中的生命在这种辐射下根本就无法生存。

有人认为生命起源于深邃的太空。

生命来自于“原始汤”吗？

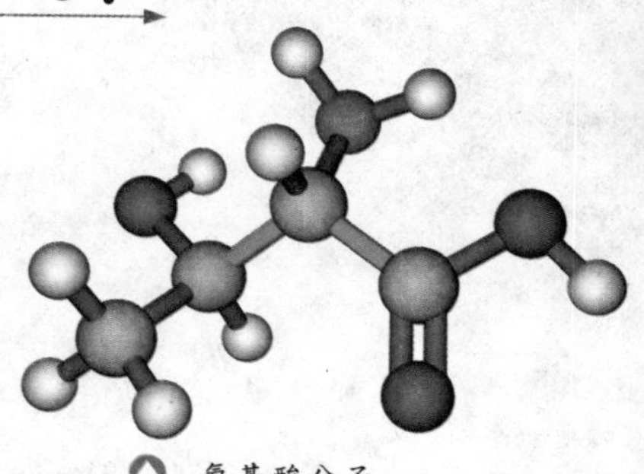

氨基酸分子

在地球形成的初期，大气中的无机分子在原始海洋中合成了氨基酸等简单的有机分子，人们把含有这些生命组成物质的原始海洋水称为原始汤。有科学家认为，最初的生命就起源于这种“原始汤”。

地球上的生命是彗星带来的吗？

不少科学家认为，彗星中含有丰富的有机分子，地球上的生命很有可能起源于彗星。他们推断，彗星掠过地球时留下的氨基酸形成了有机尘埃，为地球上生命的诞生创造了条件。

彗星袭击地球，带来了大量的冰雪和有机物，为“生命大爆发”提供了充足的条件。

你听过寒武纪生命大爆炸事件吗？

大约在距今6亿年前的寒武纪时期，地球上突然涌现出各种各样的多细胞动物，几乎包括所有现代动物类群的祖先。这些动物不约而同地在地球上“集体亮相”，因此生物学家将这一事件称为“寒武纪生命大爆炸”。

寒武纪是古生代的第一个纪，这个时期地球的统治者是三叶虫，其次为腕足动物。

史前各个年代是怎样划分的？

人们以生物的演化为依据，将地球分成了太古代、元古代、古生代、中生代和新生代五个代。其中古生代、中生代和新生代又合称为显生宙，从6亿年前的寒武纪开始。在这之前的太古代和元古代则称为隐生宙。

古生代的志留纪生物

生物物种究竟有多少种？

shēng wù wù zhǒng jiū jìng yǒu duō shǎozhǒng

kē xué jiā men tuī cè dì qiú shang dà gài cún zài zhejiāng jìn yì zhǒng bù tóng de shēng wù wù zhǒng ér xiàn dài kē xué suǒ fā xiàn de hái bù dào wànzhǒng mù qián kē xué jiā měi nián dōu huì fā xiàn wàn gè xīn wù zhǒng bìng qiě zhè yī fā xiàn sù dù bìng méi yǒu jiǎnhuǎn de jì xiàng

科学家们推测，地球上大概存在着将近1亿种不同的生物物种，而现代科学所发现的还不到200万种。目前，科学家每年都会发现1.5万个新物种，并且这一发现速度并没有减缓的迹象。

热带雨林的生物物种占全世界的68%。

生物是怎么分类的？

shēng wù shì zěn me fēn lèi de

gēn jù shēng wù zhī jiān de xiāng sì chéng dù kē xué jiā jiāngshēng wù fēnchéng le wǔ gè bù tóng de jiè yuán hé shēng wù jiè yuánshēngshēng wù jiè zhēnjūn jiè zhí wù jiè hé dòng wù jiè gè jiè xià mianyòu àn zhàomén gāng mù kē shǔ zhǒngfēnchéng le gè gè jí bié

根据生物之间的相似程度，科学家将生物分成了五个不同的界：原核生物界、原生生物界、真菌界、植物界和动物界。各界下面又按照门、纲、目、科、属、种分成了各个级别。

原核类生物能生存于其他生物不能忍受的环境中。例如在海底几近沸点的温泉边生活的管状蠕虫。

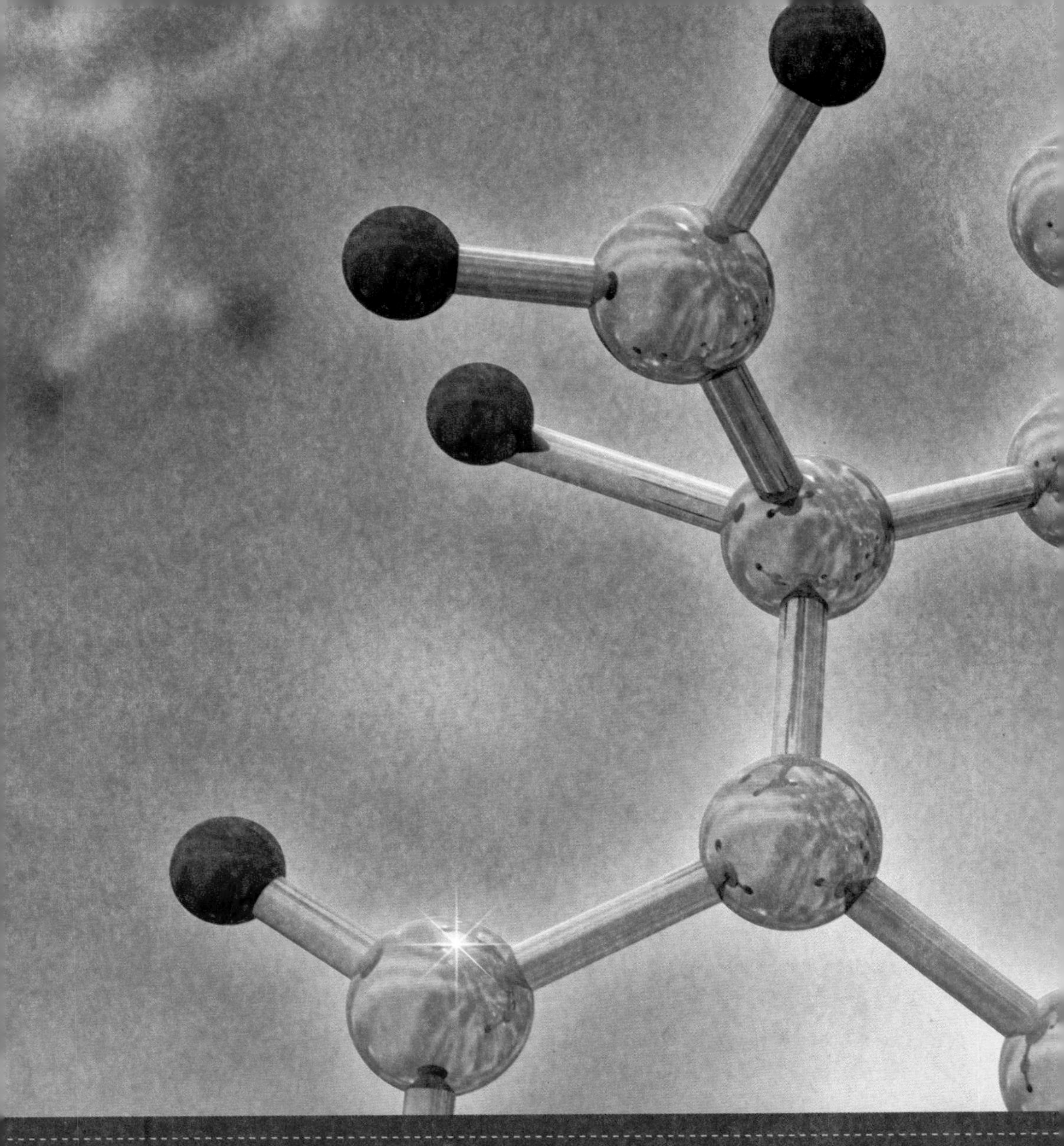

生命奥秘

从地球上出现第一种生物起，到现在已经经过了30多亿年的时间。这期间，也出现了多种多样的生命形式。大自然中生机勃勃的动植物是生命，我们肉眼看不见的细菌也是生命。这无处不在的生命，还隐藏着无数的秘密，等着我们去追寻和探索。

人类是由古猿进化而来的。

什么是进化？

一切生物的发展都会经历一个从低级到高级、由简单到复杂的过程，这个过程就叫做进化。地球上的生命都是从最原始的非细胞结构生物进化而来的，它们按照不同的方向发展，出现了微生物、植物和动物。

为什么说人类是生物进化的最高峰？

生命从无机世界进化为动植物，经历了几十亿年，而人类现在就站在生物进化的最高峰。人类的各项生理机能都已经达到了最佳的状态，毫无疑问，人类已经成为了自然界最精密复杂、最具适应性和最有生命力的生物。

生命的进化过程

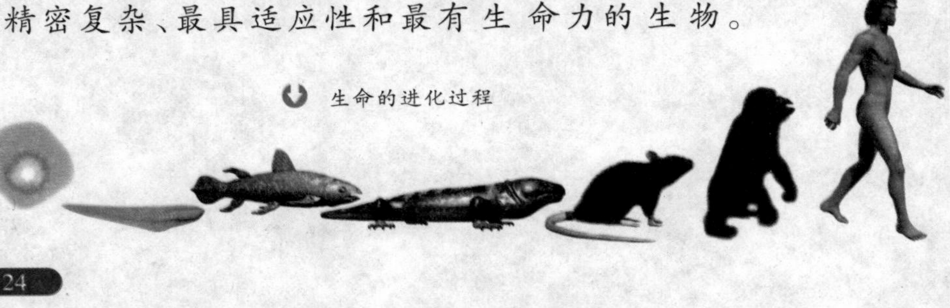

xiān yǒu jī hái shì xiān yǒu dàn

先有鸡还是先有蛋？

zǎo zài jī chū xiàn zhī qián liǎng qī dòng wù hé pá xíngdòng wù jiù kāi
早在鸡出现之前，两栖动物和爬行动物就开
shǐ shēngdàn le suǒ yǐ dāng rán shì xiān yǒu dàn dàn rú guǒ zhè lǐ de dàn
始生蛋了，所以当然是先有蛋。但如果这里的蛋
zhǐ de shì jī dàn nà jiù lìngdāng bié lùn le niǎo lèi shì jīng guò yī wàn
指的是鸡蛋，那就另当别论了。鸟类是经过一万
nián de mànchángsuì yuè zhú jiàn yóu pá xíngdòng wù jìn huà ér chéng de
年的漫长岁月，逐渐由爬行动物进化而成的。
gēn jù jìn huà lùn de guāndiǎn dàn hé jī zhǐ shì tóng yī gè shēngmìng
根据进化论的观点，蛋和鸡只是同一个生命
tǐ fā yù de bù tóng shí qī ér yǐ gēn běn jiù bù cún zài xiān
体发育的不同时期而已，根本就不存在先
hòu wèn tí jiù xiàngxiǎo hái zuì zhōng shì yào fā yù chéng
后问题。就像小孩最终是要发育成
dà rén yī yàng wǒ menzǒng bù néngwèn zài rén
大人一样，我们总不能问，在人
lèi de jìn huà guòchéngzhōng shì xiān yǒu xiǎo
类的进化过程中是先有小
hái hái shì xiān yǒu dà rén ba
孩，还是先有大人吧！

➲ 在生命进化的过程中，两栖爬行动物比鸟类出现得早，所以说先有蛋。

为什么说细胞是生命的基本单位？

除了病毒以外，地球上的一切生命体都是由细胞构成的，病毒也必须要在细胞内才能表现出生命特征。细胞不仅是生命生长和发育的基础，还是遗传的基本单位，可以说，没有细胞就没有完整的生命。

血液中的细胞

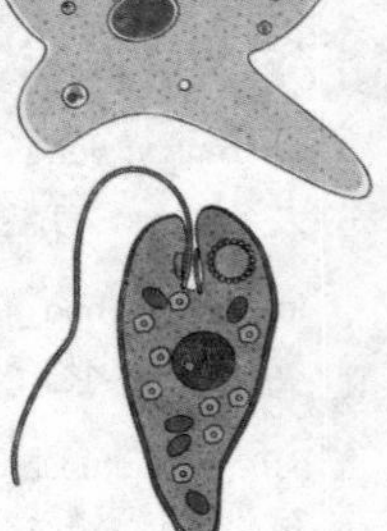

各种原生动物细胞

细胞长什么样？

细胞的形状多种多样，有球状、多面体、纺锤体和柱状体等。单细胞生物的细胞形状通常与细胞外的沉积物有关，如草履虫长得像鞋底；高等生物的细胞形状则与细胞的功能有关，如肌肉细胞呈梭形，红细胞却是圆盘状的。

红细胞

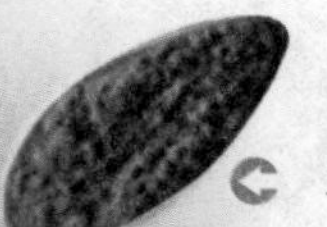

草履虫

xì bāo yǒu duō dà
细胞有多大？

jué dà duō shù xì bāo de zhí jìng dōu zhǐ yǒu
绝大多数细胞的直径都只有10~100
wēi mǐ wēi mǐ háo mǐ xì jūn de xì bāo
微米（1微米=1/1000毫米），细菌的细胞
jiù gèngxiǎo le dàn yě yǒu bǐ jiào dà de xì bāo xiàngméi
就更小了。但也有比较大的细胞，像没
yǒushòujīng de tuó niǎo dànhuáng jiù shì yī gè xì bāo tā de
有受精的鸵鸟蛋黄就是一个细胞，它的
zhí jìng kě yǐ dá dào lí mǐ
直径可以达到5厘米。

鸵鸟蛋与鸡蛋比较图

nǐ zhī dào xì bāo de jī běn gòu zào ma
你知道细胞的基本构造吗？

xì bāo yī bān yóu xì bāo bì xì bāo mó xì bāo zhì hé xì bāo
细胞一般由细胞壁、细胞膜、细胞质和细胞
hé sì bù fen gòuchéng xì bāo bì wèi yú xì bāo de
核四部分构成。细胞壁位于细胞的
zuì wàicéng dàndòng wù xì bāo de zuì wàicéng
最外层，但动物细胞的最外层
shì xì bāo mó méi yǒu xì bāo bì xì
是细胞膜，没有细胞壁。细
bāo hé lǐ hán yǒushēng wù de yí chuán
胞核里含有生物的遗传
wù zhì ér xì jūn děngyuán hé shēng
物质，而细菌等原核生
wù hái méi yǒu xíngchéngzhēnzhèng de
物还没有形成真正的
xì bāo hé
细胞核。

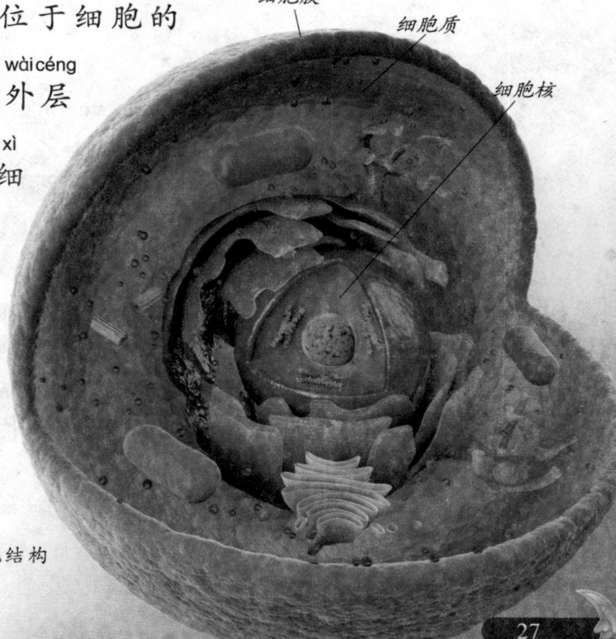

动物细胞结构

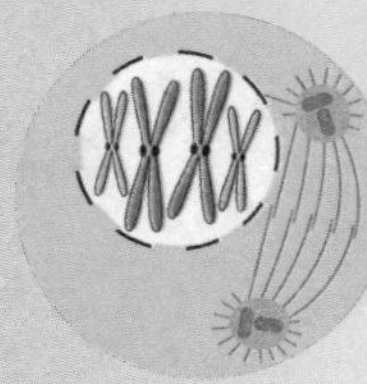
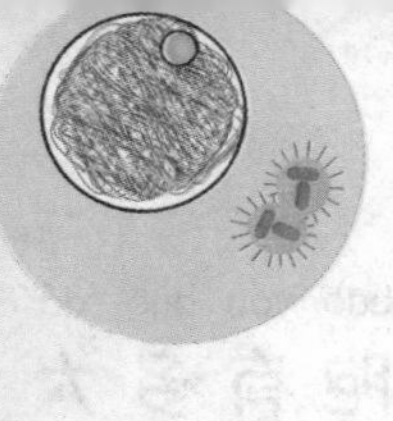

细胞的分裂

细胞是怎么分类的？

人们将细胞分成原核细胞和真核细胞两大类。原核细胞的细胞核外没有核膜包围，细胞核也没有成形，称为拟核；真核细胞有真正的细胞核，核里有明显的核仁，核外还有核膜包围。

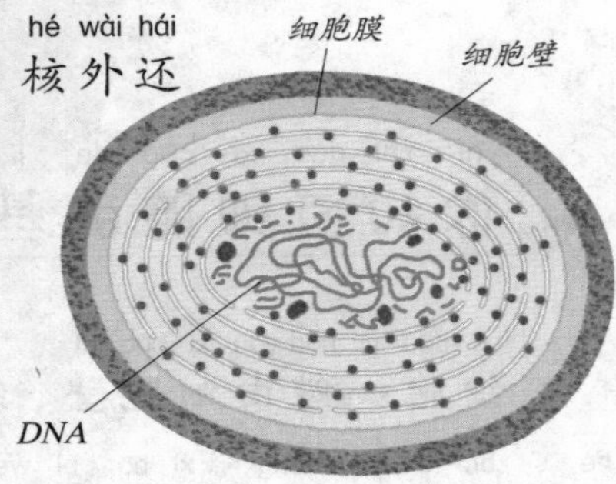

原核生物蓝藻的细胞结构示意图

为什么会有细胞分裂？

细胞分裂是细胞繁殖的方式，也就是一个细胞分裂成两个细胞的过程。在单细胞生物中，细胞分裂就是个体的繁殖；而在多细胞生物中，细胞分裂是个体生长、发育和繁殖的基础。

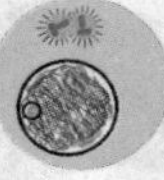

什么是细胞周期？

细胞的分裂是有周期性的，细胞从一次分裂完成后开始，到下一次分裂完成为止，这个过程就是一个细胞周期。一个细胞周期包括两个阶段：细胞分裂之前的准备期和进行分裂的分裂期。

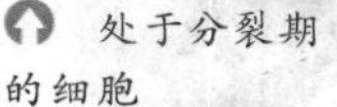

处于分裂期的细胞

什么是遗传？什么是变异？

生物能产生与自己相似的后代的现象就是遗传。所谓“种瓜得瓜，种豆得豆”，生物可以将自己的外貌、行为习性，甚至缺陷和疾病遗传给自己的后代。同种生物之间虽然相像，但总没有完全相同的，或多或少都存在着差异，这种现象就叫做变异。

我们的长相一部分来自于父母的遗传基因。同时基因变异也使我们成为不同于父母、兄妹的个体。

shuí fā xiàn le shēng wù de yí chuán guī lǜ
谁发现了生物的遗传规律？

孟德尔

ào dì lì kē xué jiā mèng dé ěr shì yí chuán xué de
奥地利科学家孟德尔是遗传学的
diàn jī rén bèi yù wéi xiàn dài yí chuán xué zhī fù
奠基人，被誉为“现代遗传学之父”。
nián tā tōng guò wān dòu shí yàn jiē shì chū yí chuán
1865年，他通过豌豆实验揭示出遗传
xué de liǎng gè jī běn guī lǜ tǒng chēng wéi mèng dé ěr yí
学的两个基本规律，统称为孟德尔遗
chuán guī lǜ wèi yí chuán xué de dàn shēng hé fā zhǎn diàn dìng le jiān
传规律，为遗传学的诞生和发展奠定了坚
shí de jī chǔ
实的基础。

wèi shén me huì yǒu yí chuán xiàn xiàng
为什么会有遗传现象？

hé suān shì shēng wù de yí chuán wù zhì kě yǐ fēn wéi hé táng hé suān hé tuō
核酸是生物的遗传物质，可以分为核糖核酸（RNA）和脱
yǎng hé táng hé suān liǎng zhǒng shì chǔ cún fù zhì hé chuán dì yí chuán xìn xī
氧核糖核酸（DNA）两种。DNA是储存、复制和传递遗传信息
de zhǔ yào wù zhì jī chǔ tā bèi chǔ cún zài xì bāo hé nèi xì
的主要物质基础，它被储存在细胞核内。细
bāo fēn liè shí mǔ xì bāo bǎ yí chuán wù zhì chuán gěi zǐ xì bāo
胞分裂时母细胞把遗传物质传给子细胞，
jiù xíng chéng le yí chuán xiàn xiàng
就形成了遗传现象。

DNA双链结构

谁发现了核酸？

米歇尔

1869年，瑞士医生米歇尔打算研究人的白细胞。当时的人都以为细胞核是由蛋白质组成的，但米歇尔却意外地发现细胞核里不只有蛋白质，还有另一类生物分子，这就是核酸。

谁发现了细胞中的染色体？

细胞核里载有遗传信息的DNA和蛋白质组合在一起，形成了一种丝状或棒状的物质，这就是染色体。1879年，德国生物学家弗莱明发现了这些细胞核里的丝状物，因为它们能够被碱性染料染成深色，所以被称为染色体。

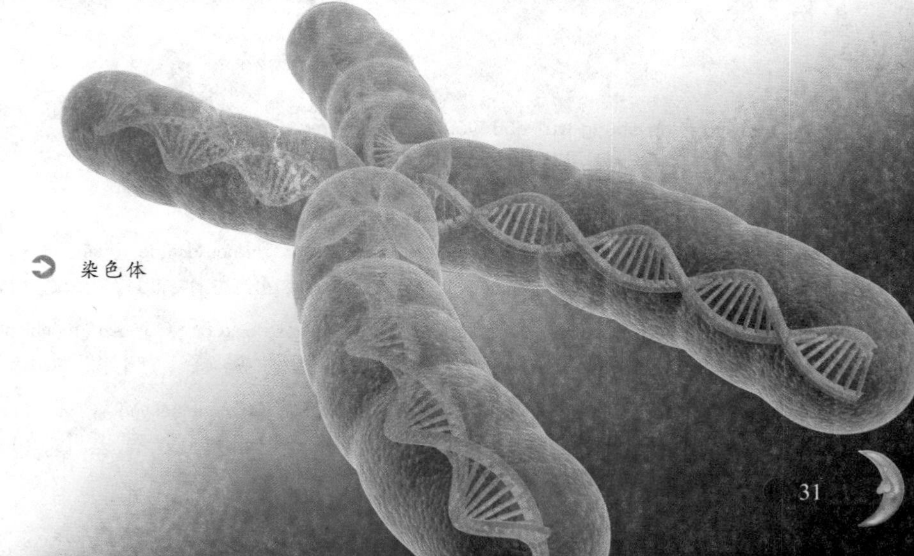
染色体

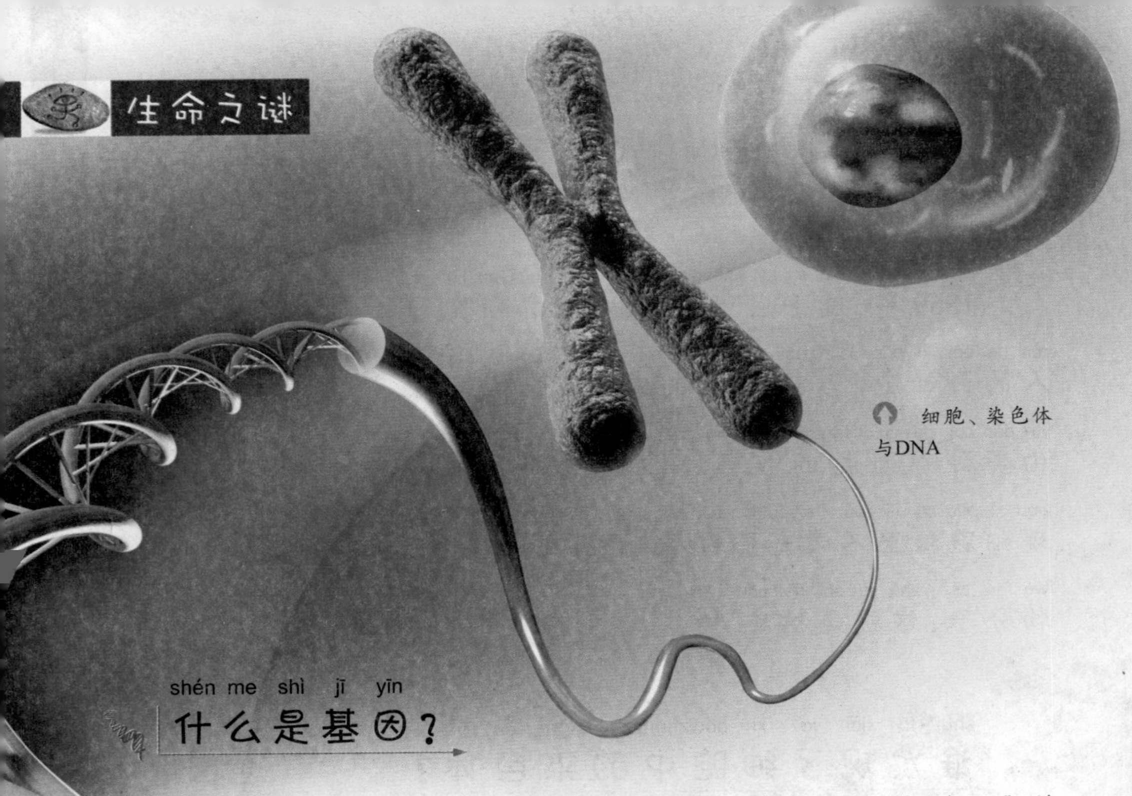

细胞、染色体与DNA

什么是基因？

基因是DNA或者RNA分子上具有遗传信息的片段，也是最小的遗传单位。除了某些病毒的基因是由RNA构成的以外，绝大多数生物的基因都是由DNA构成的。通常，每条染色体中只含有1~2个DNA分子，而每个DNA分子上都有多个基因。

所有的生物都有基因吗？

生物都是靠核酸上的基因来繁殖后代的，可是科学家却发现了一种只有蛋白质而没有核酸的病毒，叫做朊病毒。朊病毒是引起疯牛病的元凶，也是唯一一种没有基因的生物。

人体所需的主要能量从哪里来？

人体所需要的能量，有60%~70%都来源于食物中的碳水化合物。碳水化合物是自然界存在最多、分布最广的一类重要的有机化合物，葡萄糖、蔗糖、淀粉和纤维素等都属于碳水化合物。

含碳水化合物的食物

微量元素有什么作用？

人体内含量低于体重万分之一的元素称为微量元素。微量元素虽然含量很少，但对人体健康却起着重要的作用。它们参与了生命的代谢过程，微量元素过量、不平衡或者缺乏都会引起人体的异常或者发生疾病。

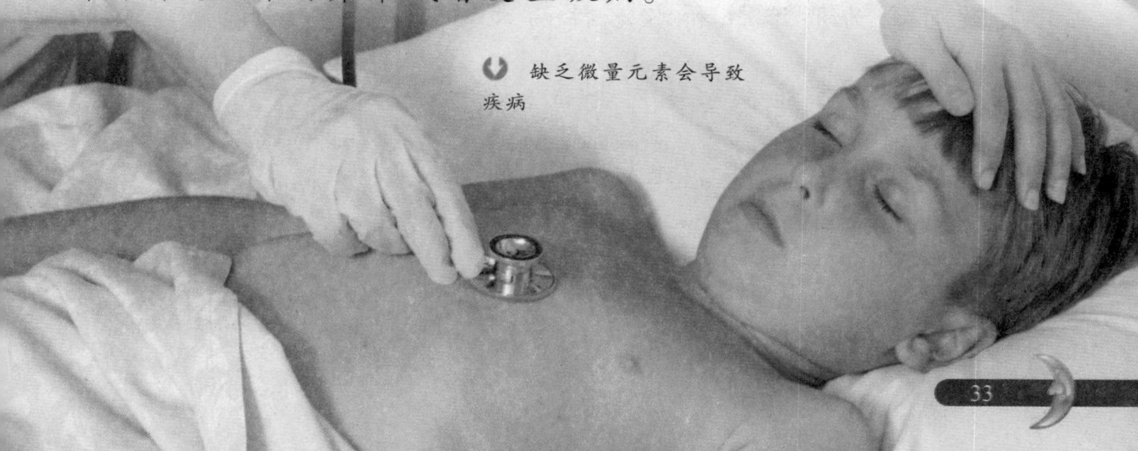

缺乏微量元素会导致疾病

水果除了美味以外，更还有丰富的维生素

人体为什么不能缺乏维生素？

维生素又叫维他命，通俗地讲，维生素就是维持生命的物质。它能维持人体的健康和辅助生长，是人体不可缺少的有机物。如果缺少维生素，人体就会发生各种疾病，人的生长发育也会受到各种阻碍。

已知的维生素有多少种？

维生素是个庞大的家族，目前所知的维生素就有几十种，大致可分为脂溶性和水溶性两大类。维生素不能在人体内合成，必须要从食物中取得。比较重要的维生素有维生素A、维生素B_1、维生素B_2、维生素C、维生素E等。

食物中所含的维生素

新陈代谢很重要吗？

任何活着的生物都要从外界环境中获得必需的能量和物质，同时还要向外界不断地放出能量，排出废物，这个过程就叫做新陈代谢。新陈代谢是生命现象最基本的特征，也是生命体不断进行自我更新的过程。

对所有的生物来说，新陈代谢都是相当重要的，生命活动所需要的一切能量，都要通过新陈代谢从外界环境中获得。如果新陈代谢停止了，也就意味着生命结束了。

人一旦进入暮年，身体内新陈代谢就变得缓慢了。各种疾病因此而生，甚至因此失去生命。

shén me shì guāng hé zuò yòng
什么是光合作用？

guāng hé zuòyòng shì shēng wù jiè yī zhǒng jī běn de dài xiè zuòyòng
光合作用是生物界一种基本的代谢作用，
zhǔ yào fā shēng zài zhí wù shēnshang zài yángguāngchōng zú de bái tiān
主要发生在植物身上。在阳光充足的白天，
zhí wù cóngwài jiè xī shōu èr yǎnghuà tàn hé shuǐ bìng bǎ tā menzhuǎnhuà
植物从外界吸收二氧化碳和水，并把它们转化
chéngsuǒ xū de yíngyǎng wù zhì zuì hòu shì fàngchūyǎng
成所需的营养物质，最后释放出氧
qì zhè ge guòchéng jiù jiào zuòguāng hé zuòyòng
气，这个过程就叫做光合作用。

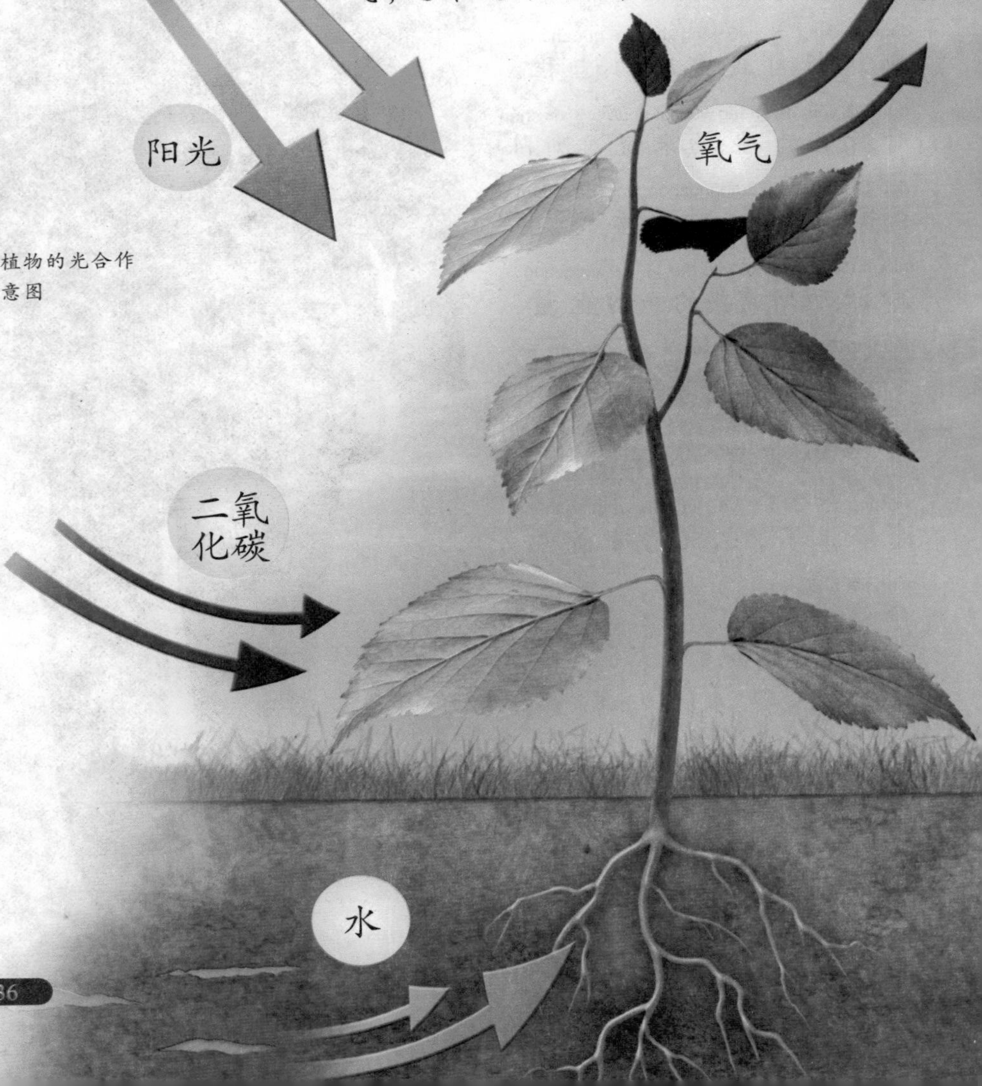

植物的光合作用示意图

叶子是植物进行光合作用的主要器官。

植物为什么能够进行光合作用？

植物体内含有一种叫做叶绿体的物质，它可以利用光能把吸收到的物质转化成营养，再把过程中产生的氧气排放出去，是植物的“能量中转站”，也是植物进行光合作用必不可少的器官。

林奈

你听过植物学家林奈吗？

林奈是瑞典的植物学家，也是现代生物学分类命名的奠基人。他在《自然系统》一书中，第一次提出将植物按纲、目、属、种的概念来分类，把之前混乱的植物分类方法调整得井然有序。

法布尔

法布尔是谁？

法布尔是法国著名的昆虫学家，被世人称为“昆虫界的荷马”。他晚年的著作《昆虫记》揭开了昆虫生活中的许多秘密，不仅展现了他科学方面的才能，还极富文学色彩，向读者传达了他对生命的无比热爱。

青霉素是如何被发现的？

抗生素是一种能杀灭细菌和致病微生物的物质，青霉素就是第一种能够治疗人类疾病的抗生素。它的发现者是英国细菌学家弗莱明。1928年的一天，弗莱明在实验时偶然发现青霉菌可以杀死葡萄球菌，据此发现了青霉素。

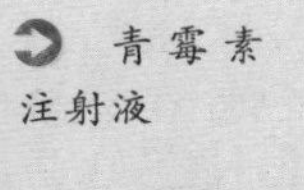

青霉素注射液

谁发现了链霉素？

1946年2月22日，美国罗格斯大学教授赛尔曼·瓦克斯曼宣布他的实验室发现了第二种用于临床的抗生素——链霉素，对抗结核杆菌有特效。链霉素的发现开启了人类战胜结核病的新纪元。

赛尔曼·瓦克斯曼

谁制服了小儿麻痹症？

小儿麻痹症是一种在儿童间流传的急性传染病，常常使患病的幼儿肢体干枯，甚至死亡。人们一直没有什么办法来制服这种疾病，直到1955年，美国医生索尔克制造出了一种疫苗，才制服了小儿麻痹症。

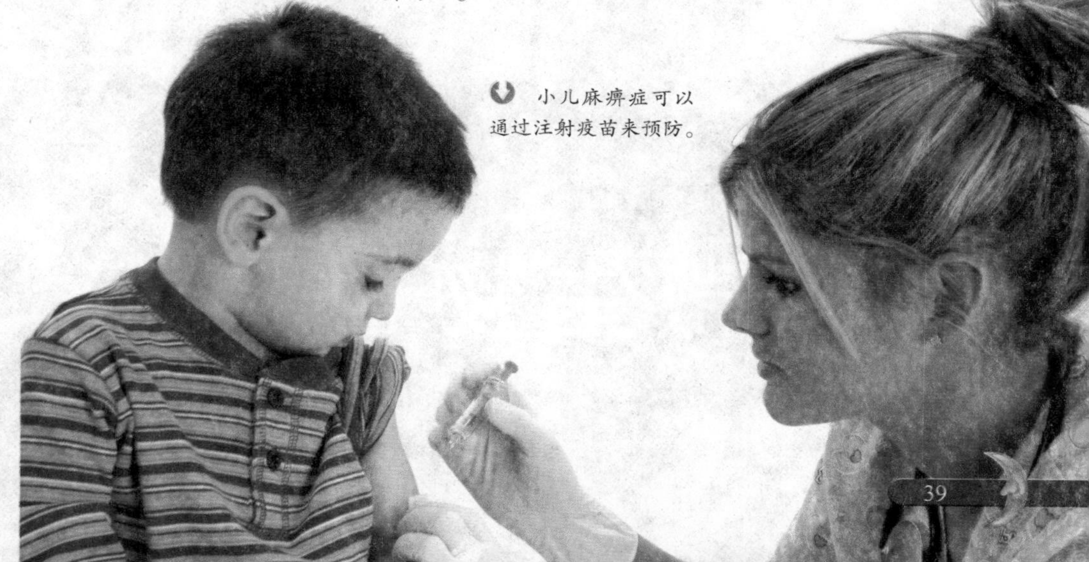

小儿麻痹症可以通过注射疫苗来预防。

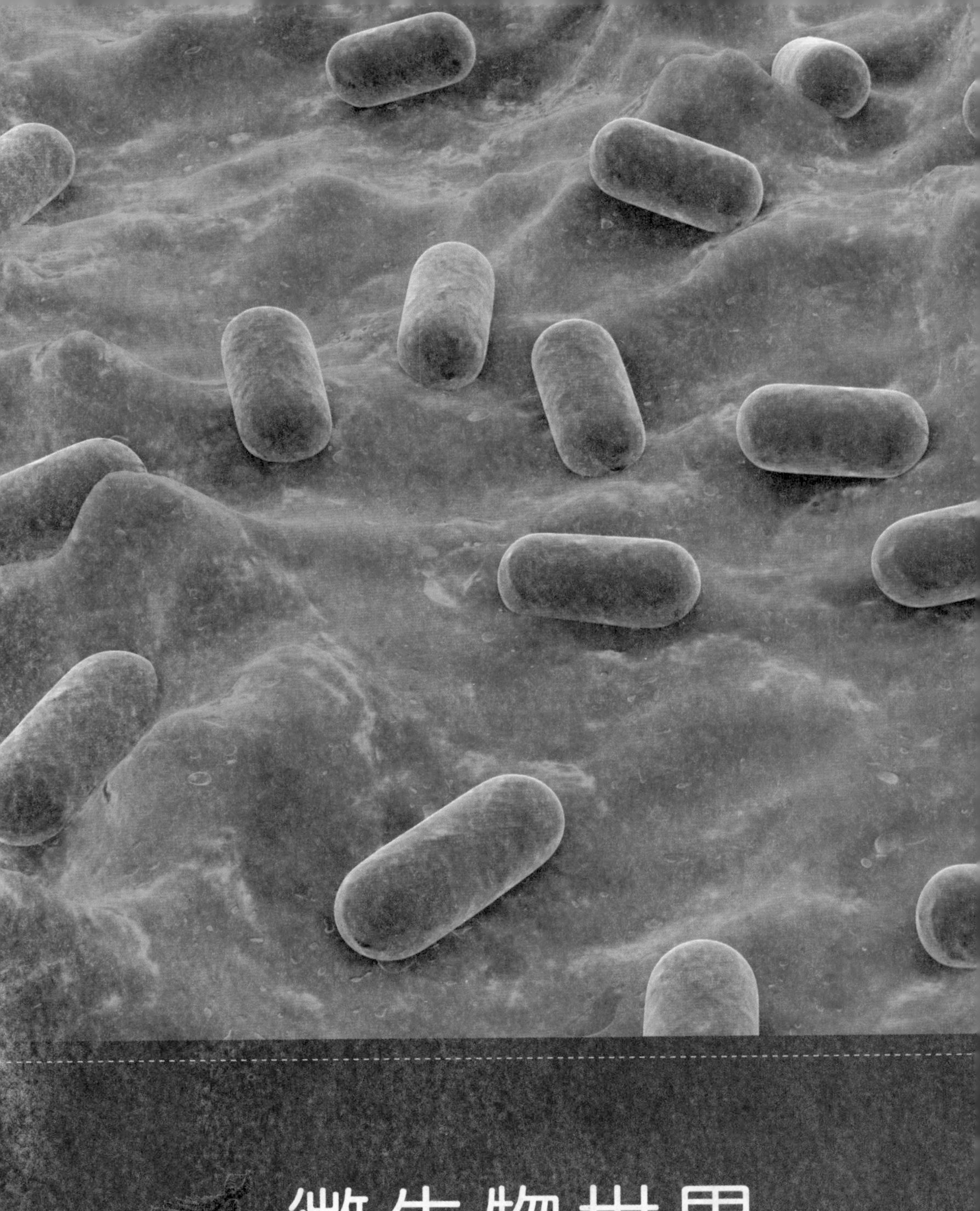

微生物世界

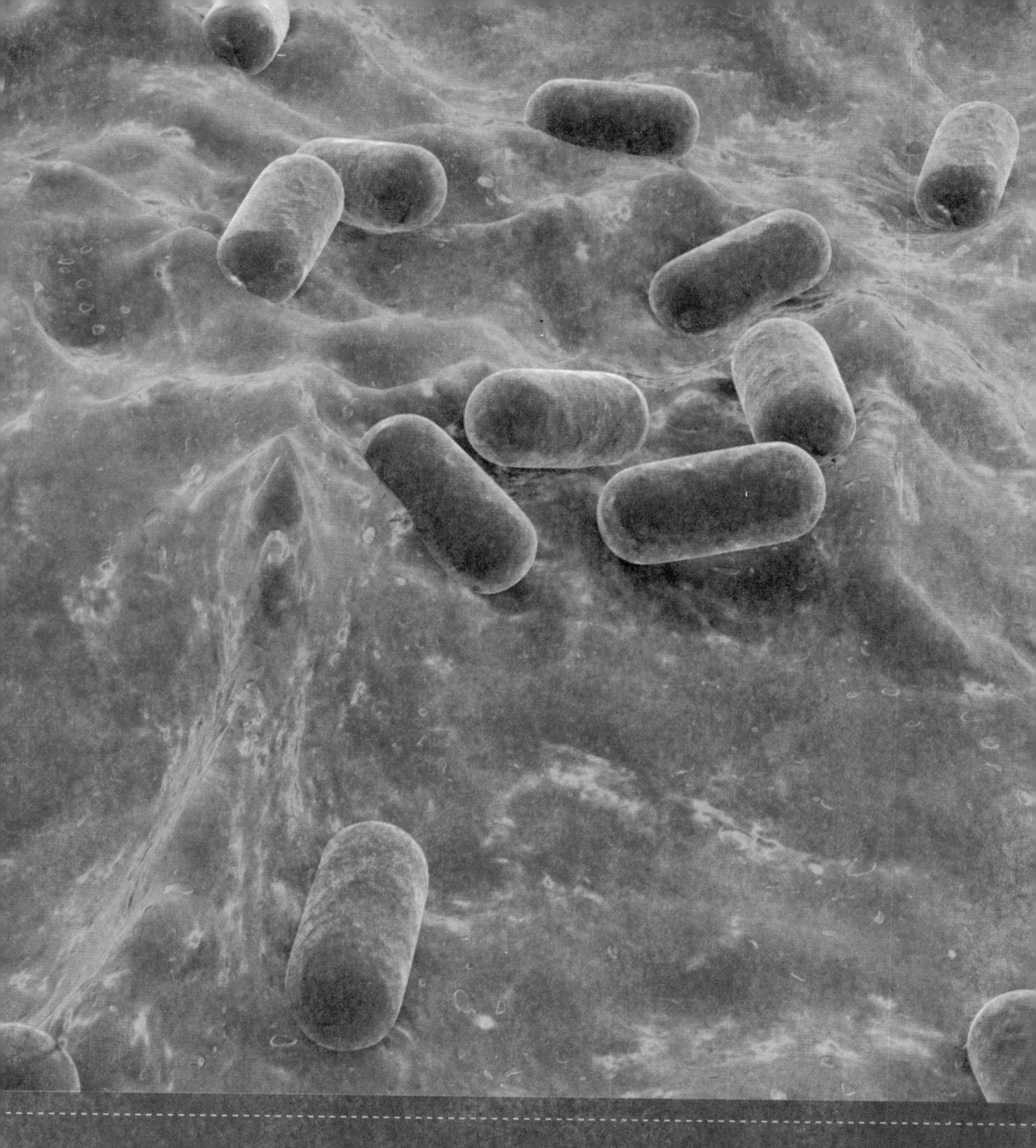

自然界除了各种各样的动物和植物外，还有很多我们肉眼看不见的生命存在，它们就是微生物家族。微生物的形体微小，结构简单，通常要用显微镜才能看清它们。但你可别因此而小看它们哦！微生物的分布广泛，在自然界中起着不可忽视的重要作用。

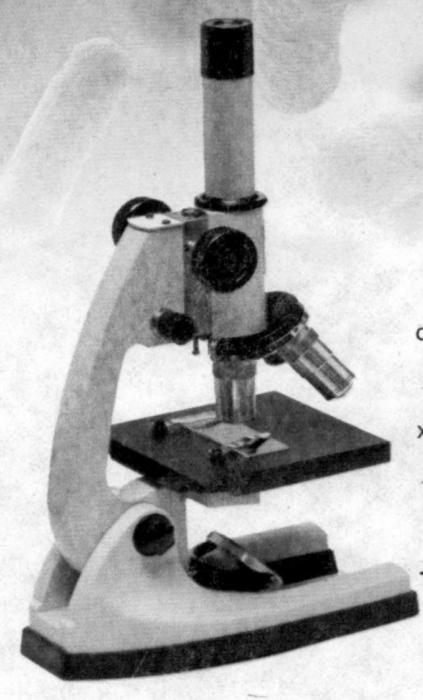
显微镜

微生物有多大？

微生物的个头儿都是非常小的，绝大多数都无法用肉眼观察清楚，必须通过电子显微镜才能看到。把120个微生物横向紧挨在一起，才抵得上人的一根头发粗细；把1500个微生物首尾相连，也只不过有一粒芝麻那么长。

微生物是什么时候由谁发现的？

1675年，荷兰人列文虎克用自己亲手制作的显微镜，第一个观察到了微生物。但是由于当时科学不发达，就连列文虎克自己也不知道这些微生物是什么，他只是把它们叫做可爱的“小动物”。

列文虎克

wēi shēng wù yǒu nǎ xiē zhǒng lèi
微生物有哪些种类？

wēi shēng wù zhǒng lèi fán duō zhì shǎo yǒu shí wàn zhǒng yǐ shàng kē xué jiā jiāng qí fēn chéng sān dà lèi yuán hé lèi wēi shēng wù de zhǒng lèi zuì duō bāo kuò gè zhǒng xì jūn fàng xiàn jūn hé zhī yuán tǐ yī yuán tǐ děng zhēn hé lèi wēi shēng wù zuì diǎn xíng de jiù shì zhēn jūn zuì hòu yī lèi shì fēi xì bāo lèi wēi shēng wù bìng dú jiù shǔ yú zhè yī lèi

微生物种类繁多，至少有十万种以上。科学家将其分成三大类：原核类微生物的种类最多，包括各种细菌、放线菌和支原体、衣原体等；真核类微生物，最典型的就是真菌；最后一类是非细胞类微生物，病毒就属于这一类。

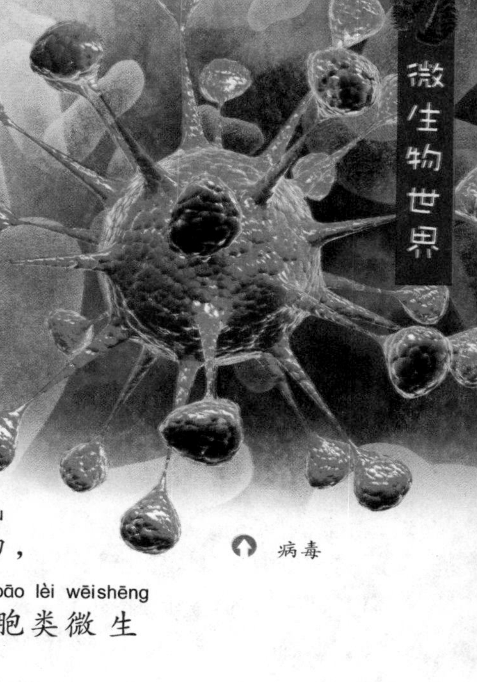

病毒

wēi shēng wù fēn bù zài nǎ lǐ
微生物分布在哪里？

wēi shēng wù zài zì rán jiè zhōng de fēn bù jí wéi guǎng fàn jī hū kě yǐ shuō shì wú suǒ bù zài bù lùn zài dòng zhí wù tǐ nèi wài hái shì tǔ rǎng hé liú kōng qì zhōng shèn zhì shì zài lěng zhì de jí dì dōu néng zhǎo dào wēi shēng wù de zōng jì

微生物在自然界中的分布极为广泛，几乎可以说是无所不在。不论在动植物体内外，还是土壤、河流、空气中，甚至是在冷至−80℃的极地，都能找到微生物的踪迹。

病毒在血细胞间漂移

土壤中的微生物多吗？

土壤中的微生物含量最多的是细菌，然后是放线菌、真菌等。由于土壤中富含水分、矿物质、有机物、无机物等物质，非常适合微生物的生长，所以土壤中的微生物特别多。

微生物吃什么？

微生物能吃的东西很多，动物需要的糖、蛋白质、脂肪、维生素、水和无机盐都是微生物吃的食物。甚至有些不能被动植物利用的物质，如纤维素、石油等，以及一些有毒物质，微生物都有办法分解它们。

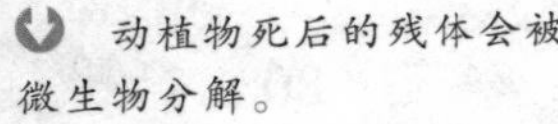
动植物死后的残体会被微生物分解。

最小的微生物是什么？

类病毒是目前发现的最小的微生物，它只能寄居在别的生物的细胞内，利用现成的物质来合成、更新自己的身体，不能独立进行生长和繁殖。而在能独立繁殖的微生物中，最小的则是支原体。

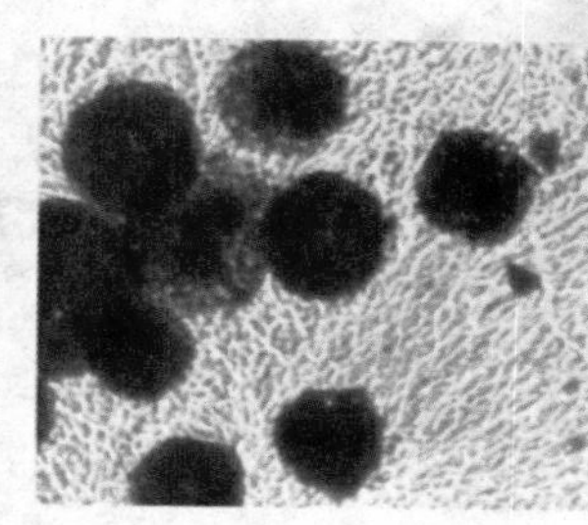

支原体

最大的微生物是什么？

真菌中有一种大型真菌，长成后能有20厘米左右，甚至更大。和那些只能用显微镜才能看到的小家伙相比，它们确实是微生物中的“巨人”了。大型真菌包括各种蘑菇、木耳、银耳以及灵芝、茯苓等草药。

蘑菇

微生物在自然界中很重要吗？

微生物在自然界中充当着很重要的角色，它是自然界最重要的分解者，对维持生态平衡中的物质循环、分解生物遗体有极为重要的作用。如果没有微生物，植物的纤维质残体就无法分解，一些动植物的生长也会受到不同程度的影响。

微生物是大自然的清洁工。

细菌有多大？

细菌是在自然界分布最广、数量最多的微生物，它的大小要用微米为单位来表示，而1微米只有千分之一毫米那么大。绝大多数细菌的直径都在0.5~5微米之间，要在显微镜下才能看到。

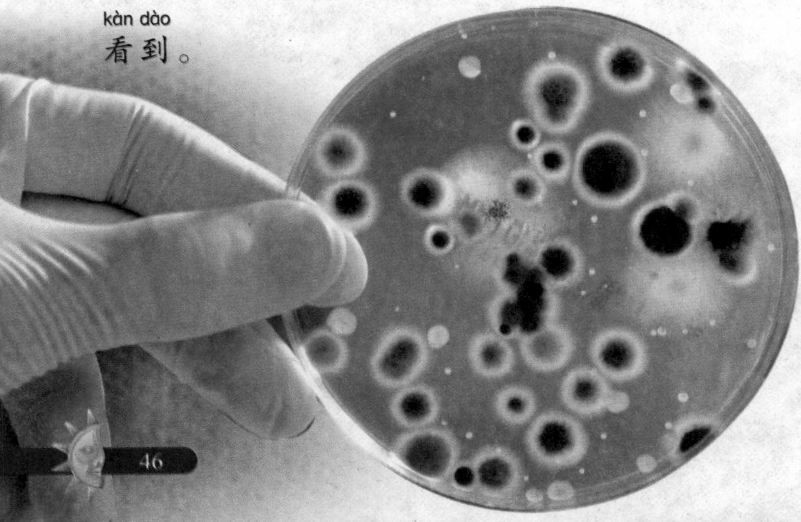

培养基里的细菌

谁揭开了细菌的真面目？

列文虎克发现细菌后很长一段时间，人们都不了解细菌的真实情况。直到19世纪，法国科学家路易斯·巴斯德揭示出食品变质、发酵等现象都是细菌在做怪，才揭开了细菌的真面目。

路易斯·巴斯德

杆菌

细菌有多少种？

细菌的种类繁多，科学家已经确认的就有5000多种，但可能仍有数万种等待被发现。根据外形的不同，细菌大概可以分为三类：长得像气球一样圆圆胖胖的球菌、像棍子般瘦长的杆菌和身体旋转扭曲的螺旋菌。

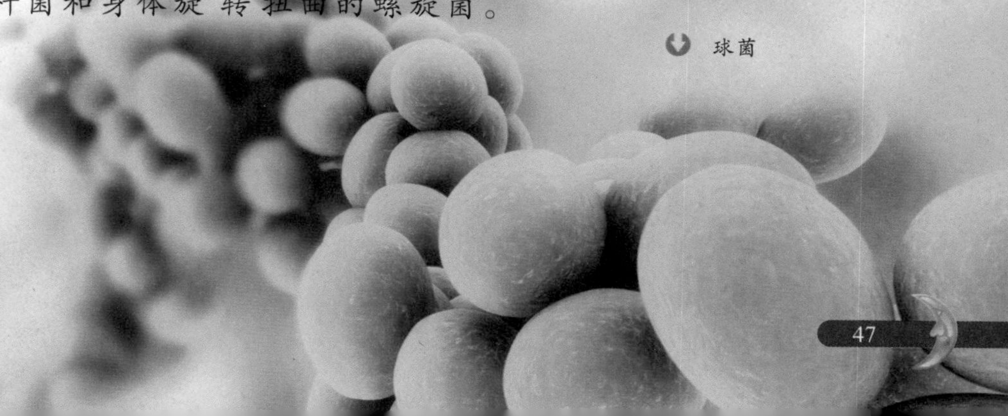

球菌

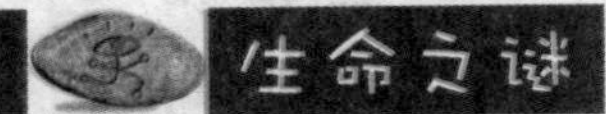

xì jūn wèi shén me fán zhí hěn kuài

细菌为什么繁殖很快？

xì jūn de fán zhí shēng zhǎng sù dù jí kuài yǒu xiē xì jūn zài fēn zhōng lǐ jiù kě yǐ fán zhí yī dài xì jūn de jié gòu jiǎn dān duō cǎi yòng zì rán jiè zuì jiǎn dān de fēn liè fāng shì jìn xíng fán zhí yě jiù shì yī gè fēn liè chéng liǎng gè liǎng gè yòu fēn liè chéng sì gè fán zhí sù dù fēi cháng jīng rén

细菌的繁殖生长速度极快，有些细菌在20分钟里就可以繁殖一代。细菌的结构简单，多采用自然界最简单的分裂方式进行繁殖，也就是一个分裂成两个，两个又分裂成四个，繁殖速度非常惊人。

细胞膜
细胞壁
细胞质
鞭毛

细菌的结构

wèi shén me shuō jué dà duō shù xì jūn shì rén lèi de péng you

为什么说绝大多数细菌是人类的朋友？

yī tí dào xì jūn rén men zǒng shì lián xiǎng dào jí bìng hé sǐ wáng bìng xiǎng fāng shè fǎ xiāo miè tā men qí shí jué dà duō shù xì jūn duì rén lèi lái shuō yǒu zhe hěn dà de yòng chù yī xiē xì jūn shèn zhì shì zhì lǐ wū rǎn jiàng jiě sù liào yǐ jí zhì liáo ái zhèng de guān jiàn

一提到细菌，人们总是联想到疾病和死亡，并想方设法消灭它们。其实绝大多数细菌对人类来说有着很大的用处，一些细菌甚至是治理污染、降解塑料以及治疗癌症的关键。

有些细菌对身体健康有益处，例如乳酸杆菌。

xì jūn hé bìng dú shì yī huí shì ma

细菌和病毒是一回事吗？

xì jūn hé bìng dú bù shì yī huí shì xì jūn shì yuán hé lèi wēi shēng wù de yī zhǒng yǒu wánzhěng de xì bāo jié gòu néng dú lì shēngcún ér bìng dú shì yī zhǒng fēi xì bāo xíng tài de wēi shēng wù tā men de gòu zào jí qí jiǎn dān zhǐ yǒu jì shēng zài xì bāo nèi cái néng shēngcún

细菌和病毒不是一回事。细菌是原核类微生物的一种，有完整的细胞结构，能独立生存。而病毒是一种非细胞形态的微生物，它们的构造极其简单，只有寄生在细胞内才能生存。

细菌

bìng dú shì zěn yàng bèi fā xiàn de

病毒是怎样被发现的？

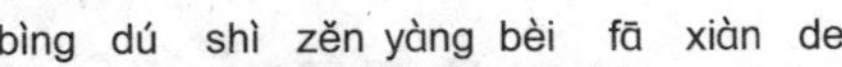

shì jì mò fǎ guó kē xué jiā bā sī dé fā xiàn le kě zhì bìng de xì jūn kě shì què zěn me yě zhǎo bù dào huì dǎo zhì kuángquǎnbìng de xì jūn bā sī dé yì shí dào yī dìng cún zài zhe yī zhǒng bǐ xì jūn hái xiǎo de shēng wù jiù shì bìng dú bù guò yī zhí dào shì jì nián dài fā míng le diàn zǐ xiǎn wēi jìng zhī hòu rén men cái zhēnzhèng kàn qīng le bìng dú de zhēn shí miàn mù

19世纪末，法国科学家巴斯德发现了可致病的细菌，可是却怎么也找不到会导致狂犬病的细菌。巴斯德意识到一定存在着一种比细菌还小的生物，就是病毒。不过一直到20世纪30年代发明了电子显微镜之后，人们才真正看清了病毒的真实面目。

病毒有多小？

细菌的大小要用微米来表示，而病毒比细菌还要小得多，它的大小用纳米为单位表示。1纳米相当于千分之一微米，也就是说，病毒比细菌还要小上千倍。我们吃饭用的细瓷碗，水是无论如何也不会外漏的，可病毒却能通过碗壁自由地进出。

病毒是最小的生物吗？

病毒那么小，在一枚缝衣针的针尖上，竟然可以有几十万个病毒。但它还不是最小的生物，美国科学家从马铃薯和番茄叶中发现一种更小的类病毒，它只有病毒的1/80那么大。

马铃薯S病毒是危害马铃薯的主要病毒之一。

为什么说病毒是人类的大敌？

病毒能引起人类的很多种疾病，从普通的感冒到能致命的天花、狂犬病和艾滋病等，都是由病毒引起的。它不仅危害人类，而且还影响着整个自然界，动物、植物、细菌和真菌都经常受到病毒的攻击。来自其他动物身上的病毒对人类来说是最危险的，能很快致人于死地。例如引起非典的SARS冠状病毒和甲型H1N1流感病毒，就都是来自于动物身上。现在，很多病毒性疾病都能通过接种疫苗来进行防治，但并不是全部。

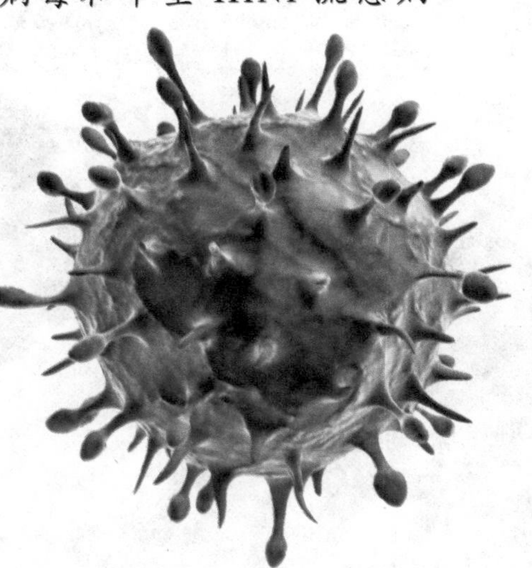

甲型H1N1流感病毒

yì miáo shì zěn me zhì zuò chū lái de
疫苗是怎么制作出来的？

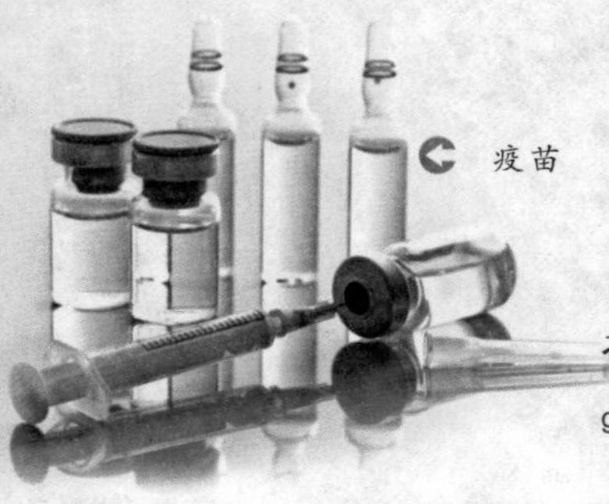
疫苗

wèi le yù fáng hé kòng zhì chuán rǎn bìng de fā shēng rén men
为了预防和控制传染病的发生，人们
bǎ yǐn qǐ jí bìng de xì jūn bìng dú děng wēi shēng wù jīng guò rén
把引起疾病的细菌、病毒等微生物经过人
gōng jiǎn dú huò zhě lì yòng jī yīn gōng chéng děng fāng fǎ zhì chéng
工减毒或者利用基因工程等方法，制成
yì miáo yì miáo zhù shè dào rén tǐ nèi hòu rén tǐ jiù huì chǎn shēng duì xiāng yìng jí bìng de kàng
疫苗。疫苗注射到人体内后，人体就会产生对相应疾病的抗
tǐ shí xiàn zì wǒ miǎn yì
体，实现自我免疫。

shuí fā míng le yù fáng tiān huā bìng dú de yì miáo
谁发明了预防天花病毒的疫苗？

nián yīng guó yī shēng ài dé huá qín nà zài xíng yī shí fā xiàn jǐ niú nǎi de
1796年，英国医生爱德华·琴纳在行医时，发现挤牛奶的
nǚ gōng hěn shǎo huàn dāng shí sì nüè de tiān huā jí bìng jīng guò yán jiū zhī hòu qín nà cóng niú
女工很少患当时肆虐的天花疾病。经过研究之后，琴纳从牛
dòu bìng dú zhōng yán fā chū le niú dòu yì miáo yòng yú yù fáng tiān huā bìng qǔ dé le jù dà de
痘病毒中研发出了牛痘疫苗，用于预防天花，并取得了巨大的
chéng gōng
成功。

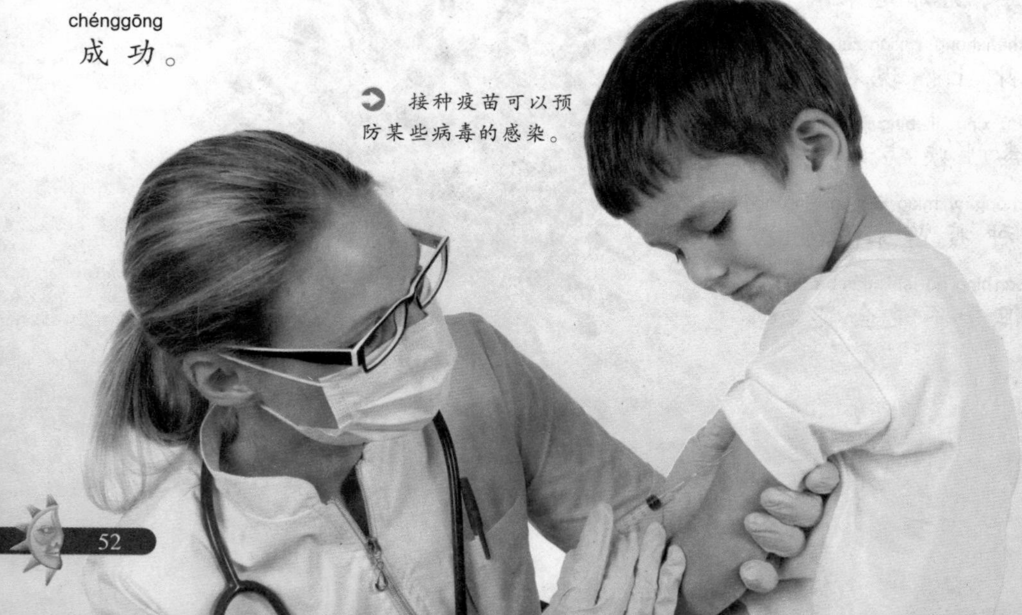
接种疫苗可以预防某些病毒的感染。

yǐ xíng gān yán kě yǐ yù fáng ma
乙型肝炎可以预防吗？

jiē zhǒng yǐ gān yì miáo shì yù fáng yǐ xíng gān yán
接种乙肝疫苗是预防乙型肝炎
zuì yǒu xiào de fāng fǎ yì miáo jiē zhǒng hòu kě yǐ cì
最有效的方法。疫苗接种后，可以刺
jī rén tǐ de miǎn yì xì tǒng chǎn shēng bǎo hù xìng kàng tǐ yǐ
激人体的免疫系统产生保护性抗体，乙
gān bìng dú yī dàn chū xiàn kàng tǐ jiù huì lì jí jiāng qí qīng chú zǔ zhǐ gǎn rǎn cóng ér dá dào
肝病毒一旦出现，抗体就会立即将其清除，阻止感染，从而达到
yù fáng yǐ gān bìng de mù dì
预防乙肝病的目的。

乙肝病毒

shén me shì kuáng quǎn bìng
什么是狂犬病？

kuáng quǎn bìng shì yóu kuáng quǎn bìng dú yǐn qǐ de jí xìng chuán rǎn bìng tōng cháng yóu gǎn rǎn
狂犬病是由狂犬病毒引起的急性传染病，通常由感染
le kuáng quǎn bìng dú de dòng wù yǐ yǎo shāng de fāng shì chuán gěi rén tǐ rén gǎn rǎn kuáng quǎn bìng
了狂犬病毒的动物以咬伤的方式传给人体。人感染狂犬病
dú hòu huì chū xiàn kǒng shuǐ zhèng zhuàng jiù shì
毒后会出现恐水症状，就是
hē shuǐ shí chū xiàn tūn yàn jī jìng
喝水时出现吞咽肌痉
luán shuǐ yàn bù xià qù suǒ yǐ yòu
挛，水咽不下去，所以又
jiào kǒng shuǐ zhèng
叫恐水症。

人被动物咬伤后接种狂犬疫苗和抗狂犬病血清可以预防感染狂犬病。

suān nǎi shì zěn me lái de

酸奶是怎么来的？

suān nǎi qí shí shì yǐ xīn xiān niú nǎi wéi yuán liào jiā shàng rǔ suān jūn zhì zuò chū lái de
酸奶其实是以新鲜牛奶为原料加上乳酸菌制作出来的。
rǔ suān jūn shì yī lèi néng cóng pú táo táng huò rǔ táng de fā jiào guò chéng zhōng chǎn shēng rǔ suān de
乳酸菌是一类能从葡萄糖或乳糖的发酵过程中产生乳酸的
xì jūn yě shì yī zhǒng cún zài yú rén lèi tǐ nèi de yì shēng jūn yì shēng jūn néng gòu bāng zhù
细菌，也是一种存在于人类体内的益生菌。益生菌能够帮助
xiāo huà yǒu zhù rén tǐ cháng dào de jiàn kāng yóu chún niú nǎi fā jiào ér chéng de suān nǎi bù
消化，有助人体肠道的健康。由纯牛奶发酵而成的酸奶，不
jǐn bǎo liú le xiān niú nǎi de quán bù yíng yǎng chéng fèn ér qiě zài fā jiào guò chéng zhōng rǔ suān
仅保留了鲜牛奶的全部营养成分，而且在发酵过程中乳酸
jūn kě yǐ chǎn shēng rén tǐ yíng yǎng suǒ bì xū de duō zhǒng wéi shēng sù yīn cǐ suān nǎi jiù chéng
菌可以产生人体营养所必需的多种维生素，因此酸奶就成
le rén men fēi cháng xǐ ài de yī zhǒng shí pǐn
了人们非常喜爱的一种食品。

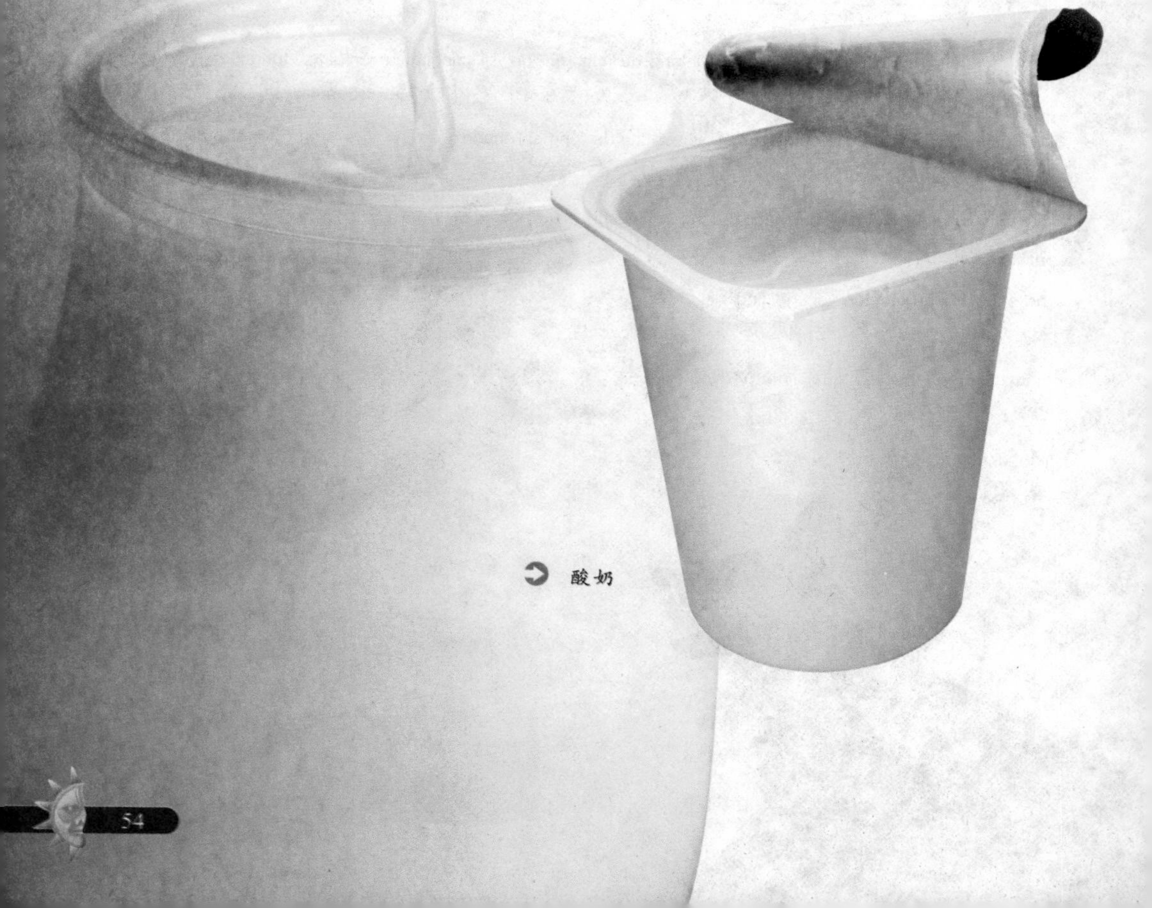

➔ 酸奶

ní tǔ wèi shén me huì yǒu yī gǔ tǔ xīng wèi
泥土为什么会有一股土腥味？

fàngxiàn jūn zài zì rán jiè fēn bù guǎng fàn zhǔ yào yǐ bāo zǐ huò
放线菌在自然界分布广泛，主要以孢子或
jūn sī zhuàng tài cún zài yú tǔ rǎng kōng qì hé shuǐzhōng yóu qí shì hán
菌丝状态存在于土壤、空气和水中，尤其是含
shuǐliàng dī yǒu jī wù fēng fù chéngzhōngxìng huò wēi jiǎn xìng de tǔ rǎng
水量低、有机物丰富、呈中性或微碱性的土壤
zhōngshùliàng zuì duō tǔ rǎng tè yǒu de tǔ xīng wèi zhǔ yào jiù shì yóu
中数量最多。土壤特有的土腥味，主要就是由
fàngxiàn jūn de dài xiè chǎn wù tǔ xīng wèi sù yǐn qǐ de
放线菌的代谢产物——土腥味素引起的。

wèi shén me yǒu hài jūn hěn nán bèi shā miè
为什么有害菌很难被杀灭？

hěn duō yǒu hài jūn zài huánjìng bù lì de shí hou jūn tǐ
很多有害菌在环境不利的时候，菌体
nèi huì xíngchéng yī zhǒngyuánxíng huò tuǒ yuánxíng de gòu zào
内会形成一种圆形或椭圆形的构造，
jiào zuò yá bāo yá bāo zuì zhǔ yào de tè diǎn jiù shì
叫做芽孢。芽孢最主要的特点就是
kàngxìngqiáng duì gāo wēn zǐ wài xiàn gān zào
抗性强，对高温、紫外线、干燥
hé hěn duō yǒu dú de huà xué wù zhì dōu yǒu
和很多有毒的化学物质都有
hěnqiáng de kàngxìng cóng ér shǐ xì
很强的抗性，从而使细
jūn hěn nán bèi shā miè
菌很难被杀灭。

放线菌在土壤中分布最多

霉菌

谁是微生物中最大的家族？

真菌是微生物王国中最大的家族，它的成员约有25万种，可以划分为酵母菌、霉菌和大型真菌三大类。真菌和细菌、放线菌最根本的区别，是它已经有了真正的细胞核，因此人们把真菌的细胞叫做真核细胞。

真菌是怎么繁殖的？

真菌的繁殖有两种情况：一是像酵母菌这样的单细胞真菌，它们采用出芽繁殖，就是母体上凸出一块，大到一定程度便脱落下来，或者像细菌一样分裂繁殖。二是多细胞的大型真菌，除了出芽繁殖外，它们还会产生孢子，像植物的种子一样进行繁殖。

干酵母菌

mó gu shì zhí wù hái shì jūn lèi
蘑菇是植物还是菌类？

mó gu suī rán zhǎng de hěn xiàng zhí wù dàn tā qí shí shì yī zhǒng jūn lèi shǔ yú dà xíng zhēn jūn tā de xì bāo bì lǐ méi yǒu xiān wéi sù hé yè lǜ tǐ bù néng xiàng zhí wù nà yàng chǎn shēng yè lǜ sù zhè shì dà xíng zhēn jūn yǔ zhí wù de zhòng yào qū bié

蘑菇虽然长得很像植物，但它其实是一种菌类，属于大型真菌。它的细胞壁里没有纤维素和叶绿体，不能像植物那样产生叶绿素，这是大型真菌与植物的重要区别。

蘑菇

líng zhī cǎo yě shǔ yú jūn lèi ma
灵芝草也属于菌类吗

líng zhī shì yī zhǒng zhēn guì de zhōng yào cái jù yǒu hěn gāo de yào yòng jià zhí yǒu qiáng xīn bǔ xuè yì qì hé ān shén de gōng xiào bèi rén men chēng wéi xiān cǎo suī shuō míng zi lǐ yǒu gè cǎo zì dàn líng zhī qí shí bù shì zhí wù ér shì dà xíng zhēn jūn de yī zhǒng

灵芝是一种珍贵的中药材，具有很高的药用价值，有强心、补血、益气和安神的功效，被人们称为“仙草”。虽说名字里有个“草”字，但灵芝其实不是植物，而是大型真菌的一种。

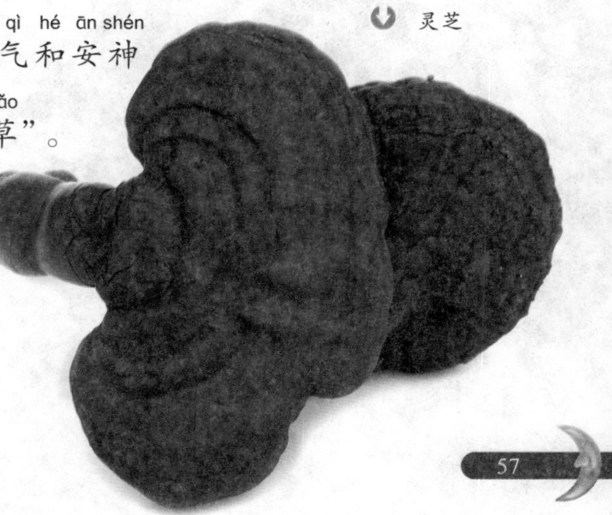

灵芝

nǐ tīng shuō guò fú líng ma
你听说过茯苓吗？

fú líng shǔ yú míng guì de yào yòng zhēn jūn dì xià de kuài zhuàng wù wéi fú líng de jūn hé
茯苓属于名贵的药用真菌，地下的块状物为茯苓的菌核，
cháng cháng jì shēng zài sōng shù de gēn bù gǔ rén chēng fú líng wéi sì shí shén yào yīn wèi
常常寄生在松树的根部。古人称茯苓为“四时神药”，因为
tā gōng xiào fēi cháng guǎng fàn bù fēn sì jì jiāng tā
它功效非常广泛，不分四季，将它
yǔ gè zhǒng yào wù pèi wǔ bù guǎn hán wēn fēng
与各种药物配伍，不管寒、温、风、
shī zhū jí dōu néng fā huī qí dú tè gōng xiào
湿诸疾，都能发挥其独特功效。

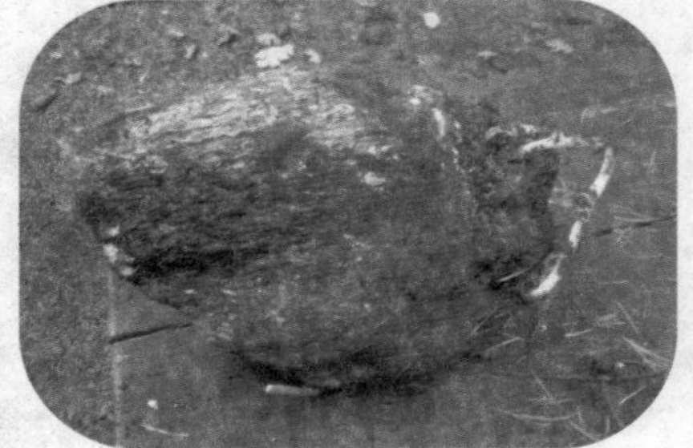
茯苓

dōng chóng xià cǎo shì dòng wù hái shì zhí wù
冬虫夏草是动物还是植物？

dōng chóng xià cǎo qí shí jì bù shì dòng wù yě bù shì zhí wù ér
冬虫夏草其实既不是动物也不是植物，而
shì yī zhǒng zhēn jūn zhè zhǒng zhēn jūn de bāo zǐ suí fēng piāo sàn luò dào
是一种真菌。这种真菌的孢子随风飘散，落到
yī xiē shì yí de kūn chóng shēn shang yǐ kūn
一些适宜的昆虫身上，以昆
chóng de yòu tǐ wéi yǎng liào màn màn shēng
虫的幼体为养料，慢慢生
zhǎng zhí dào dì èr nián dōng chóng xià
长。直到第二年，冬虫夏
cǎo cái chōng pò yòu chóng de tóu bù lù
草才冲破幼虫的头部露
chū dì miàn
出地面。

冬虫夏草

发霉的水果

wèi shén me dōng xi fàng jiǔ le huì fā méi

为什么东西放久了会发霉？

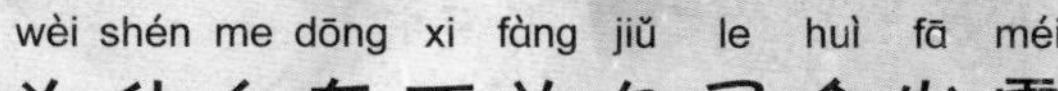

fā méi jiù shì méi jūn jì shēng zài shí wù bù liào děng dōng xi shang
发霉就是霉菌寄生在食物、布料等东西上，
bìng qiě shēng zhǎng qǐ lái de yàng zi méi jūn de bāo zǐ zài kōng qì zhōng
并且生长起来的样子。霉菌的孢子在空气中
shì wú chù bù zài de zhǐ yào zhǎo dào shì hé shēng cún de dì fang jiù huì zhù
是无处不在的，只要找到适合生存的地方就会驻
zhā xià lái zhǎng chū yī xiē máo róng róng de jūn luò
扎下来，长出一些毛茸茸的菌落。

寄生在面包表面的霉菌

wèi shén me zhēng mán tou yào fàng rù jiào mǔ

为什么蒸馒头要放入酵母？

zhēng mán tou shí fàng de jiào mǔ qí shí shì jiào mǔ jūn jiào mǔ jūn zài shòu rè de qíng
蒸馒头时放的酵母，其实是酵母菌。酵母菌在受热的情
kuàng xià huì fēn jiě miàn tuán lǐ de yíng yǎng wù chǎn shēng dà liàng èr yǎng huà tàn hé shuǐ shǐ miàn
况下会分解面团里的营养物，产生大量二氧化碳和水，使面
tuán gèng jiā sōng ruǎn suǒ yǐ zhēng mán tou shí jiā rù jiào mǔ jūn kě yǐ shǐ zhēng chū lái de mán
团更加松软。所以蒸馒头时加入酵母菌，可以使蒸出来的馒
tou yòu dà yòu ruǎn
头又大又软。

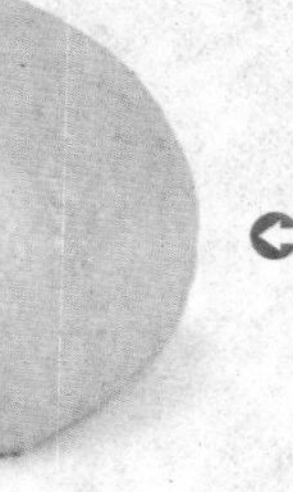

馒头

银耳

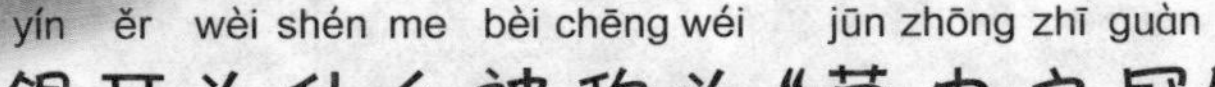

yín ěr wèi shén me bèi chēng wéi jūn zhōng zhī guàn

银耳为什么被称为“菌中之冠”？

yín ěr yě jiào bái mù ěr xuě ěr tā jì shì míng guì de zī bǔ jiā pǐn yòu shì fú zhèng qiáng zhuàng de bǔ yào yǒu jūn zhōng zhī guàn de měi chēng yín ěr yǒu bǔ pí kāi wèi de gōng xiào hái néng zēng qiáng rén tǐ miǎn yì lì lì dài huáng jiā guì zú dōu bǎ tā dàng chéng yán nián yì shòu zhī pǐn hé cháng shēng bù lǎo liáng yào

银耳也叫白木耳、雪耳，它既是名贵的滋补佳品，又是扶正强壮的补药，有“菌中之冠”的美称。银耳有补脾开胃的功效，还能增强人体免疫力，历代皇家贵族都把它当成“延年益寿之品”和“长生不老良药”。

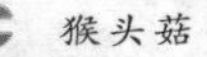

猴头菇

nǐ tīng shuō guò hóu tóu gū ma

你听说过猴头菇吗？

hóu tóu gū shì yī zhǒng shí yòng zhēn jùn dà duō shēng zhǎng zài shēn shān mì lín zhōng zhè zhǒng zhēn jūn de jūn sǎn biǎo miàn zhǎng yǒu máo róng zhuàng de ròu cì yuǎn yuǎn wàng qù hěn xiàng jīn sī hóu de tóu suǒ yǐ jiào zuò hóu tóu gū hóu tóu gū shì xiān měi wú bǐ de shān zhēn jūn ròu xiān nèn kě kǒu yǒu sù zhōng hūn zhī chēng

猴头菇是一种食用真菌，大多生长在深山密林中。这种真菌的菌伞表面长有毛茸状的肉刺，远远望去很像金丝猴的头，所以叫做“猴头菇”。猴头菇是鲜美无比的山珍，菌肉鲜嫩可口，有“素中荤”之称。

蘑菇也会吃虫吗？

大千世界，无奇不有。科学家发现，有许多真菌竟然以捕食线虫、纤毛虫、草履虫、变形虫等一些原生动物为生，还有真菌甚至能够捕食蚊蝇，人们称它们为食虫真菌。食虫真菌约有50多种，它们的捕虫方式非常奇特而有趣。例如以捕食线虫为生的嗜线菌，它的菌丝能形成菌网或菌套，并分泌出黏液来捕捉线虫。一旦线虫被黏住，它就长出穿透枝钻进线虫的体内吸收营养物质，最后菌丝充满虫体，线虫就只剩外壳了。

一种寄生菌感染蚂蚁后，以蘑菇的形状从蚂蚁的头部长出来。

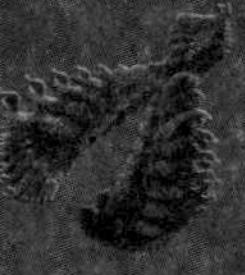

植物王国 »»

生机盎然的植物王国里有成千上万的子民，它们像一个个顽皮的孩子，有不同的特点、性格和爱好。郁郁葱葱的大树，娇艳美丽的花朵，坚韧顽强的小草，金光灿灿的庄稼……妙趣横生的植物世界，正在向我们展示出神奇的魅力。

蓝藻造成的水华现象

nǐ zhī dào zuì zǎo chū xiàn de lǜ sè zhí wù ma
你知道最早出现的绿色植物吗？

lán zǎo shì dì qiú shang zuì zǎo chū xiàn de lǜ sè zhí wù dà yuē zài
蓝藻是地球上最早出现的绿色植物。大约在
jù jīn yì yì nián qián lán zǎo jiù yǐ jīng chū xiàn zài le dì qiú
距今34亿～33亿年前，蓝藻就已经出现在了地球
shang lán zǎo yòu jiào lán lǜ zǎo lán xì jūn shì dān xì bāo shēng wù zài
上。蓝藻又叫蓝绿藻、蓝细菌，是单细胞生物。在
suǒ yǒu zǎo lèi shēng wù zhōng lán zǎo shì zuì jiǎn dān zuì yuán shǐ de yī zhǒng
所有藻类生物中，蓝藻是最简单、最原始的一种。

wèi shén me shuō lán zǎo de chū xiàn hěn zhòng yào
为什么说蓝藻的出现很重要？

lán zǎo de chū xiàn zài zhí wù jìn huà shǐ shang shì yī gè jù dà de fēi yuè yīn wèi lán
蓝藻的出现在植物进化史上是一个巨大的飞跃。因为蓝
zǎo hán yǒu yè lǜ sù néng zhì zào yǎng fèn hé dú
藻含有叶绿素，能制造养分和独
lì jìn xíng fán zhí jīn rì dì qiú shang yù yù
立进行繁殖。今日地球上郁郁
cōng cōng de shù mù mào shèng de zhuāng jia hé měi
葱葱的树木、茂盛的庄稼和美
lì duō zī de huā huì dōu shì yóu zǎo lèi jìn huà
丽多姿的花卉，都是由藻类进化
ér lái de
而来的。

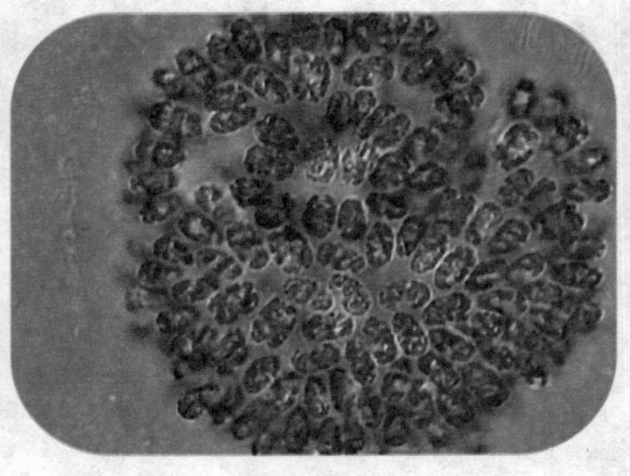

蓝藻

luǒ jué zhí wù chū xiàn zài shén me shí hou
裸蕨植物出现在什么时候？

gēn jù gǔ zhí wù huà shí tuī duàn gǔ dài hé xiàn dài
根据古植物化石推断，古代和现代
shēngcún de jué lèi zhí wù de gòngtóng zǔ xiān dōu shì luǒ jué
生存的蕨类植物的共同祖先，都是裸蕨
zhí wù luǒ jué zhí wù chū xiàn zài jù jīn yuē yì niánqián
植物。裸蕨植物出现在距今约4亿年前
de zhì liú jì wǎn qī tā de chū xiàn shì zhí wù fā zhǎn shǐ shang
的志留纪晚期，它的出现是植物发展史上
de yòu yī cì jù dà fēi yuè
的又一次巨大飞跃。

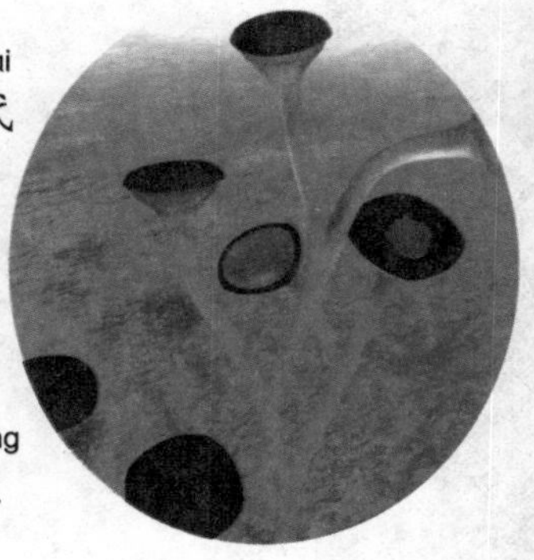

早期裸蕨植物

shì jiè shang xiàn cún zuì gǔ lǎo de shì shén me shù
世界上现存最古老的是什么树？

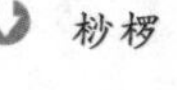

杪椤

cì suō luó shì shì jiè shang xiàn cún zuì gǔ lǎo de
刺杪椤是世界上现存最古老的
shù shǔ yú jué lèi zhí wù zài zhōng
树，属于蕨类植物。在中
shēng dài shí qī cì suō luó céng hé kǒnglóng yī
生代时期，刺杪椤曾和恐龙一
yàng zài dì qiú shang guǎng fàn fēn bù bèi yù wéi zhí wù
样在地球上广泛分布，被誉为植物
jiè de huó huà shí zhè zhǒng zhí wù yīn wèi nián dài
界的“活化石”。这种植物因为年代
jiǔ yuǎn yòu shí fēn jiāo guì chénghuó lǜ jí dī mù qián
久远，又十分娇贵，成活率极低，目前
yǐ bīn lín miè jué
已濒临灭绝。

蕨类植物繁盛于什么时候？

蕨类植物是没有花的植物，但它是所有依靠孢子进行繁殖的植物中最高等、进化最好的一类。蕨类植物出现在志留纪晚期，在古生代泥盆纪、石炭纪繁盛，多为高大乔木。现存的蕨类植物，大多数是生于山区的草本植物。

桫椤是存活至今的蕨类植物。

为什么史前植物都很高大？

远古时期，地球上的主要植物是蕨类植物。那时候地球上环境温暖湿润，气候适合蕨类植物生长，所以它们都长得特别茂盛，渐渐长成了高大茂密的森林。

蕨类植物也是许多恐龙的食物。

shén me shì bèi zǐ zhí wù
什么是被子植物？

bèi zǐ zhí wù yòu jiào lǜ
被子植物又叫绿
sè kāi huā zhí wù shì zhí wù jiè zuì gāo jí
色开花植物，是植物界最高级
de yī lèi yě shì dì qiú shang zuì wánshàn shì
的一类，也是地球上最完善、适
yìngnéng lì zuì qiáng chū xiàn de zuì wǎn de zhí
应能力最强、出现得最晚的植
wù diǎnxíng de bèi zǐ zhí wù shì
物。典型的被子植物，是
yóu dì shàng bù fen de jīng yè huā
由地上部分的茎、叶、花、
guǒ shí zhǒng zi yǐ jí dì xià bù fen
果实、种子以及地下部分
de gēn suǒ zǔ chéng de
的根所组成的。

开花植物美丽的花朵

kǒng lóng shí dài de zhí wù huì kāi huā ma
恐龙时代的植物会开花吗？

zài kǒnglóngshēnghuó de bái è jì hòu qī dì qiú shangchū xiàn le bèi zǐ zhí wù bèi
在恐龙生活的白垩纪后期，地球上出现了被子植物。被
zǐ zhí wù bù jǐn huì kāi huā hái kào huā fěn chuán bō lái fán zhí hòu dài tōng guò fēng hé kūn
子植物不仅会开花，还靠花粉传播来繁殖后代。通过风和昆
chóng de chuán bō shòu fěn bèi zǐ zhí wù xùn sù fán zhí xīngshèng qǐ lái chéngwéi xīn shēng dài yǐ
虫的传播授粉，被子植物迅速繁殖兴盛起来，成为新生代以
lái dì qiú shang zuì zhǔ yào de zhí wù
来地球上最主要的植物。

苏铁是什么时候出现的？

苏铁是裸子植物的一种，出现于古生代二叠纪，中生代三叠纪至早白垩纪最为繁盛。裸子植物是地球上最早以种子来繁殖的植物，它们占据着当今地球森林80%的份额，但种类却只有800多种，是植物界中种类最少的。

苏铁

银杏是植物中“活化石”吗？

银杏是裸子植物的代表，它的历史非常悠久，早在2.7亿年前就生活在地球上。但后来大多种类都灭绝了，所以被人们称它为“金色的活化石”。

银杏叶

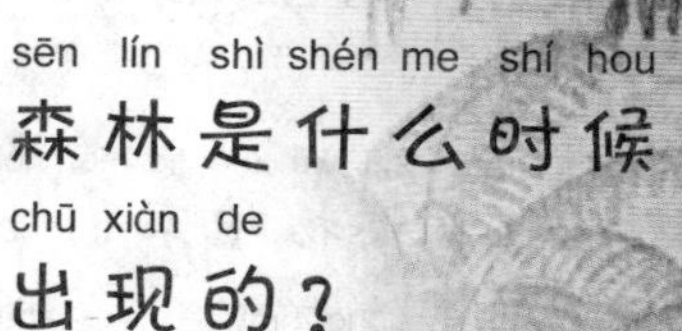

sēn lín shì shén me shí hou chū xiàn de

森林是什么时候出现的？

zài gǔ shēng dài shí tàn jì hé èr dié jì shí qī dì qiú shang de qì hòu wēnnuǎn shī rùn fēi chángyǒu lì yú zhí wù shēngzhǎng suí zhe lù dì miàn jī de kuò dà lù shēng de zhí wù cóng bīn hǎi dì dài xiàng dà lù nèi bù yánshēn bìng dé dào le kōngqián de fā zhǎn xíngchéng le dà guī mó de sēn lín hé zhǎo zé zài shí tàn jì de sēn lín zhōng jì yǒu gāo dà de qiáo mù yě yǒu mào mì de guàn mù zǎo qī de sū tiě sōng bǎi hé yín xìngděng luǒ zǐ zhí wù fēi cháng yǐn rén zhù mù dàn shù liàng zuì fēng fù de hái shì jué lèi zhí wù jué lèi zhí wù shì guàn mù lín zhōng de wàng zú tā men suī rán dī ǎi dàn dà liàngzhàn jù le sēn lín de xià céng kōng jiān

在古生代石炭纪和二叠纪时期，地球上的气候温暖湿润，非常有利于植物生长。随着陆地面积的扩大，陆生的植物从滨海地带向大陆内部延伸，并得到了空前的发展，形成了大规模的森林和沼泽。在石炭纪的森林中，既有高大的乔木，也有茂密的灌木。早期的苏铁、松柏和银杏等裸子植物非常引人注目，但数量最丰富的还是蕨类植物。蕨类植物是灌木林中的旺族，它们虽然低矮，但大量占据了森林的下层空间。

石炭纪森林

各种植物的叶子

植物是怎么分类的？

为了辨认植物，植物学家们还给植物分了类：依次为门、纲、目、科、属、种。而我们通常会简单地把植物分成藻类植物、苔藓植物、蕨类植物、裸子植物和被子植物几大类。

植物和动物有什么区别？

几乎所有的植物都在同一个地方生长，但绝大多数动物会经常跑来跑去。大部分植物都能通过光合作用制造“粮食”养活自己，动物却只能依靠植物和捕食其他动物来养活自己。另外，植物的细胞都有一层又厚又硬的细胞壁，而动物细胞却没有细胞壁。

有些植物也需要靠捕食外界的食物来养活自己，例如食虫植物，我们将这些植物称为异养型植物。

zhí wù yě yǒu tāi shēng de ma
植物也有胎生的吗？

yǒu shǎo shù bèi zǐ zhí wù tā men hǎo xiàng bǔ rǔ dòng wù de tāi ér zài mǔ tǐ zhōng fā yù nà yàng dāng zhǒng zi chéng shú shí bìng bù mǎ shàng lí kāi mǔ tǐ ér shì zài guǒ shí zhōng méng fā zhǎng chéng yòu miáo hòu cái lí kāi mǔ tǐ rén men bǎ zhè lèi zhí wù jiào zuò tāi shēng zhí wù

有少数被子植物，它们好像哺乳动物的胎儿在母体中发育那样，当种子成熟时，并不马上离开母体，而是在果实中萌发，长成幼苗后才离开母体，人们把这类植物叫做“胎生植物”。

红树就是一种胎生植物。

zhí wù yě yǒu xuè xíng ma
植物也有血型吗？

nián rì běn yī wèi jiào shān běn mào de fǎ yī zài zhēn pò yī qǐ xiōng àn shí yì wài de fā xiàn zhěn xìn lǐ de qiáo mài pí yě yǒu xuè xíng jiē xià lái tā zuò le yī xì liè yán jiū zhèng míng le chú le rén lèi hé dòng wù zhī wài zhí wù jìng rán yě yǒu xuè xíng

1983年，日本一位叫山本茂的法医在侦破一起凶案时，意外地发现枕芯里的荞麦皮也有血型。接下来，他做了一系列研究，证明了除了人类和动物之外，植物竟然也有血型。

科学家们认为植物的血型物质具有贮藏能量的作用。

白天，牵牛花的花瓣像一个个小喇叭张开着，可是到了晚上它就关上“喇叭”去“睡觉”了。

植物也会睡觉吗？

植物也会睡觉，被称为睡眠运动。最常见的植物“睡觉”的现象体现在叶子上，但有时植物娇艳的花朵也有睡眠的要求。睡眠是植物保护自己的一种方式，与光线的明暗、温度的高低和空气的干湿都有很大关系。

植物都开花吗？

不是所有植物都开花的。只有比较高等的裸子植物和被子植物才通过开花的方式结出种子，藻类植物、苔藓植物和蕨类植物都不开花，它们是通过分裂孢子来繁殖的。

苔藓植物多生活在潮湿的陆地上。

zhí wù shì zěn yàng fán zhí hòu dài de
植物是怎样繁殖后代的？

luǒ zǐ zhí wù hé bèi zǐ zhí wù tōngguòzhǒng zi lái fán zhí hòu dài
裸子植物和被子植物通过种子来繁殖后代，
suǒ yǐ yòu bèi chēngwéizhǒng zi zhí
所以又被称为种子植
wù ér zǎo lèi zhí wù tái xiǎn zhí
物。而藻类植物、苔藓植
wù hé jué lèi zhí wù zé shì tōngguò bāo zǐ
物和蕨类植物则是通过孢子
de fēn liè lái fán zhí de yòu jiào bāo zǐ zhí wù
的分裂来繁殖的，又叫孢子植物。
chú le chángjiàn de fán zhí fāng shì wài zhí wù hái yǒu hěn duō
除了常见的繁殖方式外，植物还有很多
qí tè yǒu qù de fán zhí fāng shì
奇特有趣的繁殖方式。

孢子叶

孢子囊群

大型叶类的真蕨植物的孢子囊群生在孢子叶的背面。

shù de nián lún shì zěn me lái de
树的年轮是怎么来的？

chūn xià shí jié qì hòu wēnnuǎn yǔ liàngchōng pèi shù mù zhǎngchū de mù cái jiù zhì dì
春夏时节，气候温暖，雨量充沛，树木长出的木材就质地
shūsōng yán sè jiào qiǎn dào le qiū dōng jì jié
疏松，颜色较浅；到了秋冬季节，
qì hòu biànlěng tiān qì jiào gān zào chángchū
气候变冷，天气较干燥，长出
de mù cái de zhì dì yě jiù bǐ jiào xì
的木材的质地也就比较细
mì yán sè jiàoshēn zhèzhǒngshēnqiǎn
密，颜色较深。这种深浅
bù yī de mù wénměiniánzhǎngchū yī quān
不一的木纹每年长出一圈，
jiù xíngchéng le shù mù de nián lún
就形成了树木的年轮。

zhí wù de gēn zěn yàng lái xī qǔ shuǐ fèn
植物的根怎样来吸取水分？

zhí wù gēn xì xī shuǐ de bù wèi zhǔ yào shì gēn
植物根系吸水的部位主要是根
jiān zhí wù gēn de jiān duān bù fen zhǎng yǒu dà liàng xiān
尖，植物根的尖端部分长有大量纤
xì de gēn máo gēn máo xì bāo de pí hěn báo xì
细的根毛，根毛细胞的皮很薄，细
bāo zhì shǎo shì yú xī shōu shuǐ fèn gēn jiān yǐ shàng
胞质少，适于吸收水分。根尖以上
zhí dào yǔ jīng lián jiē de zhè yī duàn gēn zé zhǐ shì
直到与茎连接的这一段根，则只是
fù zé shū sòng shuǐ fèn hé yǎng liào
负责输送水分和养料。

植物发达的根系有助于植物从土壤中吸收水分和养分。

根是植物在长期适应陆上生活的过程中，发展起来的一种向下生长的器官。

wèi shén me zhí wù de gēn xiàng xià shēng zhǎng
为什么植物的根向下生长？

zhí wù gēn xiàng xià shēng zhǎng shì yóu yú dì xīn yǐn
植物根向下生长是由于地心引
lì de zuò yòng zhí wù de gēn shòu dào le dì xīn dān gè
力的作用。植物的根受到了地心单个
fāng xiàng de zuò yòng fā shēng xiàng dì shēng zhǎng de xiàn xiàng zhè gè jiào zuò xiàng dì xìng zhí
方向的作用，发生向地生长的现象，这个叫做向地性。植
wù de gēn xiàng xià shēng zhǎng kě yǐ gèng hǎo de xī shōu tǔ rǎng lǐ de shuǐ hé féi liào
物的根向下生长可以更好地吸收土壤里的水和肥料。

植物给根瘤菌提供矿物养料和能源，根瘤菌为植物提供氮素养料，两者表现出一种共生现象。

根瘤菌

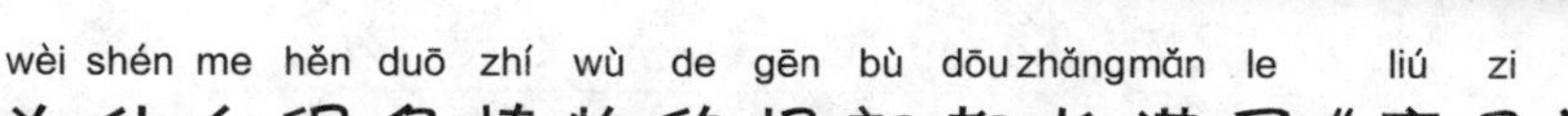

为什么很多植物的根部都长满了“瘤子”？

豆科植物的根上长着一个个“小瘤子”，这不是因为生病，而是一种细菌的侵入。不过这种叫做“根瘤菌”的细菌不但不会损害植物，还会大大有益于植物的生长和发育。原来，植物生长过程中需要一种叫做“氮”的元素，虽然空气中有超过80%都是氮气，但植物就是没办法把氮吸收到自己的身体里去。而根瘤菌就好像是天空派来豆科植物的使者，它们能够吸收空气中的氮气，并把它固定住，供植物生长发育的需要。

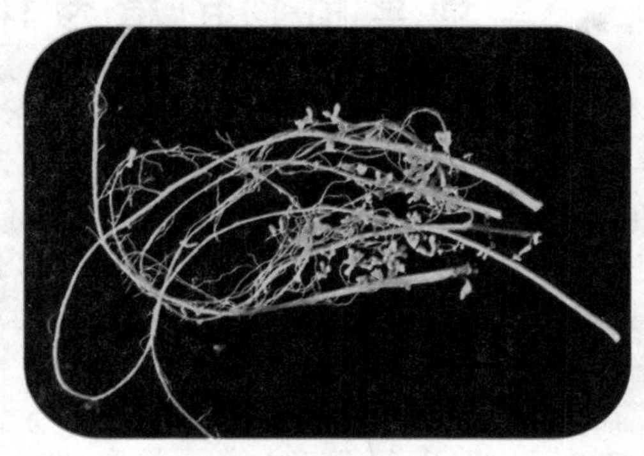

每种根瘤菌只能与一种或几种植物建立共生关系。例如大豆根瘤菌只与大豆建立共生关系。

植物的根会寻找食物是它自身的特性，也是植物生存的能力。

wèi shén me shuō zhí wù de gēn huì xún zhǎo shí wù
为什么说植物的根会寻找食物？

zhí wù de gēn zuò wéi xī shōu qì guān xū yào zài tǔ rǎngzhōngxúnzhǎodào yíngyǎng wù zhì lái gōng gěi zhí wù xiāo fèi yǒu rén céngzuò guò yī gè shì yàn zài dòngjiāo de zhōngyāngfàng yī kuài féi liào sì biānzhǒngshàng jǐ lì fā yá de zhǒng zi jǐ tiān hòu suǒ yǒu de gēn dōu huì shēnxiàngzhōngyāng bǎ féi liào wéi rào qǐ lái

植物的根作为吸收器官，需要在土壤中寻找到营养物质，来供给植物消费。有人曾做过一个试验：在冻胶的中央放一块肥料，四边种上几粒发芽的种子。几天后，所有的根都会伸向中央把肥料围绕起来。

hàn dì lǐ zhí wù de gēn wèi shén me zhā de tè bié shēn
旱地里植物的根为什么扎得特别深？

zhí wù de shēngzhǎng lí bù kāi shuǐ tā yī kào gēn bù duàn de cóng tǔ rǎngzhōng xī shōushuǐ fèn cái néngjiànkāng de chéng zhǎng ér zài hàn dì lǐ dì biǎo de shuǐ tài shǎo le zhí wù zhǐ yǒu bǎ gēn zhā de shēnshēn de cái néng xī dào tǔ rǎngshēnchù de shuǐ

植物的生长离不开水，它依靠根不断地从土壤中吸收水分，才能健康地成长。而在旱地里，地表的水太少了，植物只有把根扎得深深地，才能吸到土壤深处的水。

种在旱地里的麦子比种在湿地里的麦子根扎得深。

yǒu méi yǒu cháoshàngshēngzhǎng de gēn
有没有朝上生长的根？

tōngcháng zhí wù de gēn dōu shì xiàng xià shēngzhǎng de dàn yě yǒu lì
通常植物的根都是向下生长的，但也有例
wài kē xué jiā céng zài wěi nèi ruì lā de cóng lín lǐ fā xiàn le duō
外。科学家曾在委内瑞拉的丛林里发现了20多
zhǒnggēn bù cháoshàngshēngzhǎng de zhí wù nà lǐ de tǔ rǎng hán wú jī
种根部朝上生长的植物。那里的土壤含无机
yán jí shǎo zhí wù wèi le shēngcún zhǐ hǎo bǎ gēnshēnxiàngzhōuwéi de shù
盐极少，植物为了生存，只好把根伸向周围的树
dòng lǐ shè qǔ hán wú jī yán de yǔ shuǐ jiàn jiàn xíngchéng le xiàngshàngshēng
洞里摄取含无机盐的雨水，渐渐形成了向上生
zhǎng de qū shì
长的趋势。

fó shǒu guā shì tāi shēng zhí wù ma
佛手瓜是胎生植物吗？

qīng cuì duō zhī wèi měi kě kǒu de fó shǒuguā shì yī zhǒng
清脆多汁、味美可口的佛手瓜是一种
diǎnxíng de tāi shēng zhí wù tā de zhǒng zi méi yǒu xiū mián qī chéng
典型的胎生植物，它的种子没有休眠期，成
shú hòu rú guǒ bù jí shí cǎi shōu hěn kuài jiù huì zài guāzhōngméng
熟后如果不及时采收，很快就会在瓜中萌
fā suǒ yǐ tāi méng shì fó shǒuguā de yī dà tè diǎn
发。所以“胎萌”是佛手瓜的一大特点。

在上层土壤营养丰富而下层土壤贫瘠的情况下，根可能会向上生长。

佛手瓜

nǐ tīng guò wú jīng wú yè wú gēn de huā ma
你听过无茎无叶无根的花吗？

zài sū mén dá là de rè dài sēn lín lǐ yǒu yī zhǒng qí tè de zhí wù jiào zuò dà wáng
在苏门答腊的热带森林里，有一种奇特的植物，叫做大王
huā tā bù jǐn yǒu shì jiè shang zuì dà de huā duǒ hái yǒu gè qí tè de dì fang jiù shì wú
花。它不仅有世界上最大的花朵，还有个奇特的地方，就是无
jīng wú yè wú gēn tā shì zhǒng jì shēng zhí wù
茎无叶无根。它是种寄生植物，
zhuān kào xī qǔ bié de zhí wù de yíng yǎng
专靠吸取别的植物的营养
lái shēng huó zhěng gè huā jiù shì tā shēn
来生活，整个花就是它身
tǐ de quán bù le
体的全部了。

大王花是世界上最大的花朵，直径可达1.5米，花瓣厚约1.4厘米。

wèi shén me zhí wù de jīng xiàng shàng shēng zhǎng
为什么植物的茎向上生长？

dì lǐ de zhǒng zi dōu shì héng qī shù bā de tǎng zhe
地里的种子都是横七竖八地躺着，
dàn shēng zhǎng chū lái de zhí zhū dōu shì jīng cháo shàng de zhè
但生长出来的植株都是茎朝上的，这
jiào zhí wù de xiàng xìng yùn dòng wèi le gèng hǎo de dé dào
叫植物的向性运动。为了更好地得到
yáng guāng lái jìn xíng guāng hé zuò yòng zhí wù de jīng jiù zǒng
阳光来进行光合作用，植物的茎就总
shì xiàng shàng shēng zhǎng le
是向上生长了。

植物会向着光线来源的方向生长。

为什么有些植物的茎中间是空的？

植物的茎中空一般有两种情况：一是水生植物，由于根部泡在水里，中空的茎可以帮助吸收更多的氧气；二是茎表面光滑、干硬的植物，例如竹子，由于茎表面存在的气孔很少，中空的茎也可以帮助植物吸收更多的氧气。

荷花的茎中通外直，不蔓不枝。

为什么藕切断后还有藕丝？

藕中运送营养的导管内壁上，布满了许多螺旋状的东西，看上去就像弹簧一样，藕丝就是这些拉长了的“弹簧”。我们将藕折断时，这些导管并不一定会被折断，所以会藕断丝连。

藕

生长在高山苔原带的松毛翠株高仅10～20厘米。

为什么高原上的植物都很矮小？

wèi shén me gāo yuánshang de zhí wù dōu hěn ǎi xiǎo

zhí wù de shēngzhǎngzhuàng tài yǔ zhōuwéi de huánjìng yǒu hěn dà guān xì gāoyuánshang dì shì gāo wēn dù dī yángguāngzhōng de zǐ wài xiànqiáng liè yīn cǐ bù lì yú zhí wùzhǎng gāo gāoyuánshang de fēng yě tè bié dà wèi le bù bèi fēngguā dǎo zhí wù de jīng yě huì biàn duǎn zhè shì zhí wù duì huánjìng de shì yìng

植物的生长状态与周围的环境有很大关系。高原上地势高、温度低，阳光中的紫外线强烈，因此不利于植物长高。高原上的风也特别大，为了不被风刮倒，植物的茎也会变短，这是植物对环境的适应。

为什么要在清晨割橡胶？

wèi shén me yào zài qīng chén gē xiàng jiāo

xiàngjiāo shù shì yī zhǒng rè dài jīng jì zuò wù wú lùn nǎ yī gè xiàngjiāoyuán gē jiāo dōu bì xū zài dāngtiān qīngchénwánchéng jīng guò le yī wǎnshang de xiū zhěng xiàngjiāo shù tǐ nèi de shuǐ fèn bǎo mǎn xì bāo huó yuè zhèng shì gē jiāo chǎnliàng zuì gāo de shí hou suǒ yǐ rén men zài qīngchén gē xiàngjiāo

橡胶树是一种热带经济作物，无论哪一个橡胶园，割胶都必须在当天清晨完成。经过了一晚上的休整，橡胶树体内的水分饱满，细胞活跃，正是割胶产量最高的时候，所以人们在清晨割橡胶。

橡胶树

shù gàn wèi shén me shì
yuán zhù xíng de

树干为什么是圆柱形的？

zài zhōu cháng xiāng tóng de qíng
在周长相同的情
kuàng xià　yuánxíng de miàn jī zuì dà　suǒ
况下，圆形的面积最大，所
yǐ yuánxíng shù gàn shūsòng shuǐ fèn hé yǎngliào de néng
以圆形树干输送水分和养料的能
lì yě jiù zuì dà　yuánzhù xíng de tǐ jī yě
力也就最大。圆柱形的体积也
bǐ qí tā xíngzhuàng de yào dà　shù gàn
比其他形状的要大，树干
de chéngshòu lì yě jiù dá dào le zuì dà zhí　bù huì qīng yì wān
的承受力也就达到了最大值，不会轻易弯
qū　cǐ wài　yuánzhù xíng méi yǒu léng jiǎo　fēng kě yǐ shùnzhe yuánzhù xíng
曲。此外，圆柱形没有棱角，风可以顺着圆柱形
de shù gàn cā guò　jiù jiǎn qīng le duì shù gàn de shāng hài
的树干擦过，就减轻了对树干的伤害。

树干长成圆柱形是植物长期进化的结果。

wèi shén me zhí wù zài bù tóng de jì jié kāi huā

为什么植物在不同的季节开花？

bù tóng de huā huì yuán chǎn dì gè bù xiāng
不同的花卉原产地各不相
tóng　guāngzhào　wēn dù　shī dù　qì yā yě yǒu
同，光照、温度、湿度、气压也有
suǒ bù tóng　wèi shì yìnghuánjìng de biàn huà　bù
所不同。为适应环境的变化，不
tóng de zhí wù gēn jù zì jǐ de tè diǎn　jiù xuǎn
同的植物根据自己的特点，就选
zé bù tóng de jì jié kāi huā
择不同的季节开花。

开在四季的花：春季的桃花，夏季的荷花，秋季的菊花，冬季的梅花。

wèi shén me gāo shānshang de huā duǒ tè bié xiān yàn

为什么高山上的花朵特别鲜艳？

gāoshān dì qū de zǐ wài xiàn shí fēn qiáng liè pò huài le zhí wù de rǎn sè tǐ yú shì
高山地区的紫外线十分强烈，破坏了植物的染色体，于是
zhí wù biàn chǎnshēng le dà liàng lèi hú luó bo sù hé huā qīng sù lái xī shōu zǐ wài xiàn ér zhè
植物便产生了大量类胡萝卜素和花青素来吸收紫外线。而这
liǎngzhǒng sè sù de dà liàng chǎnshēng yě shǐ de gāoshānshang zhí wù de huā duǒ sè cǎi gèng jiā
两种色素的大量产生，也使得高山上植物的花朵色彩更加
xiān yàn le
鲜艳了。

高山上的杜鹃花

wèi shén me sè cǎi yàn lì de huā tōngcháng méi yǒu xiāng wèi

为什么色彩艳丽的花通常没有香味？

huā ér de sè cǎi hé qì wèi dōu shì yǐn yòu kūnchóng de shǒuduàn xǔ duō kūnchóng dān
花儿的色彩和气味都是引诱昆虫的手段。许多昆虫单
píng yán sè jiù néng shí bié chū shì hé tā cǎi mì de huā duǒ ér lìng yī xiē kūnchóng zé duì huā
凭颜色，就能识别出适合它采蜜的花朵，而另一些昆虫则对花
ér de xiāng wèi fēi cháng mǐn gǎn yīn cǐ yán sè yàn lì hé xiāng qì
儿的香味非常敏感。因此，颜色艳丽和香气
pū bí huā ér zhǐ yào yōng yǒu yī xiàng jiù néng xī yǐn kūnchóng lái
扑鼻，花儿只要拥有一项，就能吸引昆虫来
chuán bō huā fěn
传播花粉。

大丽花艳丽却没有香味

蒲公英的种子

wèi shén me pú gōng yīng de guǒ shí néng fēi shàng tiān
为什么蒲公英的果实能飞上天？

pú gōngyīng de guǒ shí rú tóng bái sè de máo qiú zhǐ yào duì zhe tā
蒲公英的果实如同白色的毛球，只要对着它
yòng lì chuī qì máo qiú jiù huì biànchéng yī zhī zhī xì xiǎo de jiàng luò
用力吹气，“毛球”就会变成一支支细小的“降落
sǎn jiè zhe fēng lì piāoxiàngkōngzhōng pú gōngyīng jiù shì yòngzhèzhǒng
伞”，借着风力飘向空中。蒲公英就是用这种
fāng fǎ lái jiāng zì jǐ de zhǒng zi chuán bō dào sì miàn bā fāng
方法，来将自己的种子传播到四面八方。

qiǎo kè lì shì yòng kě kě dòu zuò de ma
巧克力是用可可豆做的吗？

zhì zuò qiǎo kè lì de yuánliào dí què shì kě
制作巧克力的原料的确是可
kě dòu kě kě dòu shì kě kě shù de guǒ shí
可豆。可可豆是可可树的果实，
kě kě shù yuánchǎn yú nán měizhōu yà mǎ sūn hé
可可树原产于南美洲亚马孙河
shàngyóu de rè dài yǔ lín tā huā kāi hòu jiù huì
上游的热带雨林，它花开后就会
jiē chū guǒ shí rén men jiù yòngzhè xiē guǒ shí lái
结出果实，人们就用这些果实来
zhì zuò qiǎo kè lì gāo diǎn hé bīng qí lín děng shí pǐn
制作巧克力、糕点和冰淇淋等食品。

巧克力

可可豆

为什么黄连特别苦？

俗话说，哑巴吃黄连，有苦说不出。黄连之所以会这么苦，是因为它含有一种叫做黄连素的物质。黄连素属于一种生物碱，就是它让人觉得特别苦。

黄连

为什么植物的叶子各不相同？

各种植物的遗传特征不同，长出来的叶子当然也不尽相同。植物生长环境的不同也决定了它们叶子的不同形状。干旱的地方叶子都比较小，防止水分蒸发；而炎热湿润地区的植物叶子比较阔大，是为了散发热量，避免阳光灼伤。

各种形状的叶子

yǒu hóng sè de yè zi ma
有红色的叶子吗？

zhí wù de yè zi dà duō shì lǜ sè de
植物的叶子大多是绿色的，
dàn zì rán jiè yě yǒu yī xiē hóng sè de yè zi
但自然界也有一些红色的叶子，
rú pén zāi de qiū hǎi táng hé yī pǐn hóng děng
如盆栽的秋海棠和一品红等。
zhè xiē zhí wù de yè piàn lǐ chú le hán yǒu
这些植物的叶片里除了含有
yè lǜ sù wài hái hán yǒu lèi hú luó bo sù huò
叶绿素外，还含有类胡萝卜素或
zǎo hóng sù děng shǐ yè zi chéng xiàn chū hóng sè
藻红素等，使叶子呈现出红色。

一品红

yè zi wèi shén me shì biǎn píng de
叶子为什么是扁平的？

wǒ men dōu zhī dào yè zi shì zhí wù jìn xíng guāng hé zuò yòng de zhǔ yào qì guān tǐ
我们都知道，叶子是植物进行光合作用的主要器官。体
jī xiāng tóng shí biǎn píng xíng zhuàng de biǎo miàn jī shì zuì dà de yīn cǐ yè piàn yuè
积相同时，扁平形状的表面积是最大的。因此，叶片越
biǎn píng jiù yuè yǒu lì yú zhí wù de guāng hé zuò yòng
扁平，就越有利于植物的光合作用。
dāng rán yě yǒu hěn duō zhí wù wèi le fáng zhǐ shuǐ fèn
当然，也有很多植物为了防止水分
liú shī yè zi zhǎng chéng zhēn
流失，叶子长成针
xíng de
形的。

扁平的叶子更适于吸收太阳光线。

秋季的树叶和浆果

qiū tiān yè zi wèi shén me biàn huáng

秋天叶子为什么变黄？

shù yè zhōng hán yǒu hěn duō zhǒng sè sù rú yè lǜ sù yè huáng sù hú luó bo sù
树叶中含有很多种色素，如叶绿素、叶黄素、胡萝卜素
děng píng shí shù yè zhōng yè lǜ sù de hán liàng zuì duō bǎ qí tā sè sù de yán sè dōu zhē
等。平时，树叶中叶绿素的含量最多，把其他色素的颜色都遮
zhù le yīn ér yè piàn kàn shàng qù chéng lǜ sè dào le qiū tiān yè lǜ sù zhú jiàn bèi pò
住了，因而叶片看上去呈绿色。到了秋天，叶绿素逐渐被破
huài yè huáng sù kāi shǐ zhàn zhǔ dǎo dì wèi shù yè kàn shàng qù jiù biàn chéng huáng sè de lā
坏，叶黄素开始占主导地位，树叶看上去就变成黄色的啦！

huā wèi shén me shì wǔ yán liù sè de

花为什么是五颜六色的？

huā zhī suǒ yǐ shì wǔ yán liù sè de shì yīn wèi qí zhōng suǒ hán de huā qīng sù hé hú
花之所以是五颜六色的，是因为其中所含的花青素和胡
luó bǔ sù huā qīng sù zài wēn dù huò suān jiǎn dù de yǐng xiǎng xià jí yì biàn sè néng shǐ huā
萝卜素。花青素在温度或酸碱度的影响下极易变色，能使花
duǒ zài hóng lán zǐ sè zhī jiān biàn huà hú luó bǔ sù
朵在红、蓝、紫色之间变化；胡萝卜素
zé néng shǐ huā ér zài huáng chéng hóng sè zhī
则能使花儿在黄、橙、红色之
jiān biàn huà
间变化。

色彩斑斓的花朵

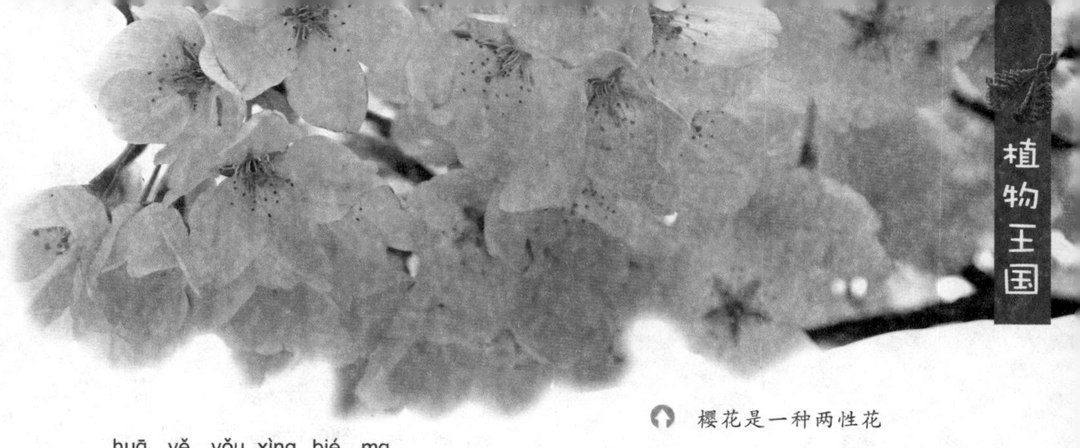

樱花是一种两性花

huā yě yǒu xìng bié ma

花也有性别吗？

huā yě shì yǒu xìng bié de zuò wéi zhí wù de shēng zhí qì guān huā yǒu liǎngxìng huā hé dān
花也是有性别的，作为植物的生殖器官，花有两性花和单
xìng huā zhī fēn liǎngxìng huā de cí ruǐ hé xióng ruǐ zhǎng zài tóng yī duǒ huā lǐ rú píng guǒ
性花之分。两性花的雌蕊和雄蕊长在同一朵花里，如苹果、
táo lǐ děng dān xìng huā shì zhǐ yǒu cí ruǐ huò zhǐ yǒu xióng ruǐ de huā
桃、李等。单性花是只有雌蕊或只有雄蕊的花。

世界上根本说没有纯黑色的花。平常人们说的黑颜色的花，不过是深紫色的。

yǒu méi yǒu hēi sè de huā

有没有黑色的花？

zì rán jiè qī sè guāng de bō cháng gè bù xiāngtóng pín lǜ
自然界七色光的波长各不相同，频率
hé suǒ hán rè liàng yě bù xiāngtóng hēi sè de huā
和所含热量也不相同。黑色的花
wú fǎ fǎn shè rèn hé guāng ér yào jiāng
无法反射任何光，而要将
qī sè guāng quán xī shōu jìn qù rè liàng
七色光全吸收进去，热量
tài gāo hěn róng yì zài yáng guāng de
太高，很容易在阳光的
zhào yào xià kū wěi suǒ yǐ zì
照耀下枯萎。所以自
rán jiè zhōng jī hū jiàn bu dào
然界中几乎见不到
hēi sè de huā
黑色的花。

蕙兰

wèi shén me shuō jūn zǐ lán bù shì lán huā
为什么说君子兰不是兰花？

jūn zǐ lán de míng zi zhōng suī rán yǒu gè lán zì dàn tā què bù shì lán huā yě jiù shì shuō tā bù shǔ yú lán kē zhí wù jūn zǐ lán hé shuǐxiān huā shì jìn qīn shǔ yú shí suàn kē lán kē zhí wù de huā ér shì liǎng cè duì chèn de huāguān zhǐ yǒu yī tiáo duì chènzhóu ér jūn zǐ lán de huā zé duō shì bù duì chèn de

君子兰的名字中虽然有个“兰”字，但它却不是兰花，也就是说，它不属于兰科植物。君子兰和水仙花是近亲，属于石蒜科。兰科植物的花儿是两侧对称的，花冠只有一条对称轴，而君子兰的花则多是不对称的。

君子兰

zhí wù jiē guǒ yī dìng yào kāi huā ma
植物结果一定要开花吗？

zhí wù yào jiē chū guǒ shí jiù yī dìng yào xiān kāi huāshòu fěn cái xíng zhè shì hěn duō gāo děng zhí wù fán yǎn xià yī dài de fāng fǎ jiào zuò yǒu xìng fán zhí dàn bìng bù shì suǒ yǒu de zhí wù dōu yào yòng zhè zhǒng fāng shì lái fán zhí hòu dài hái yǒu hěn duō zhí wù shì wú xìng fán zhí de bù xū yào kāi huā jiē guǒ jiù néng fán zhí

植物要结出果实，就一定要先开花受粉才行，这是很多高等植物繁衍下一代的方法，叫做有性繁殖。但并不是所有的植物都要用这种方式来繁殖后代，还有很多植物是无性繁殖的，不需要开花结果就能繁殖。

有些植物可以通过嫁接繁殖。

zhí wù kě yǐ gěi zì jǐ chuán bō huā fěn ma
植物可以给自己传播花粉吗？

zhí wù de huā fěn chǎn zì xióng ruǐ mò duān de huā yào zhōng yǒu xiē zhí wù de xióng ruǐ hé cí ruǐ zhǎng zài tóng yī duǒ huā lǐ tā men yě huì zì jǐ lái chuán fěn xióng ruǐ shang de huā fěn chéng shú hòu huì zì dòng luò zài tóng yī duǒ huā de cí ruǐ shàng miàn zhè zhǒng chuán fěn fāng shì jiào zì huā chuán fěn rú dà dòu xiǎo mài jiù shì yòng zhè zhǒng fāng shì chuán fěn de ér yǒu xiē zhí wù de xióng ruǐ hé cí ruǐ bù zhǎng zài tóng yī duǒ huā nèi wú fǎ jìn xíng dú lì chuán fěn yīn cǐ zhǐ néng jiè zhù wài jiè de lì liàng cái néng bǎ zhè duǒ huā de huā fěn chuán sòng dào lìng yī duǒ huā de xióng ruǐ zhè jiù jiào yì huā chuán fěn

植物的花粉产自雄蕊末端的花药中。有些植物的雄蕊和雌蕊长在同一朵花里，它们也会自己来传粉。雄蕊上的花粉成熟后，会自动落在同一朵花的雌蕊上面，这种传粉方式叫自花传粉，如大豆、小麦就是用这种方式传粉的。而有些植物的雄蕊和雌蕊不长在同一朵花内，无法进行独立传粉，因此只能借助外界的力量，才能把这朵花的花粉传送到另一朵花的雄蕊，这就叫异花传粉。

自然界中自花传粉的植物比较少，大麦、小麦、大豆、豆角、稻子、豌豆、指甲花等植物是自花传粉。

小麦

种子发芽后破土而出

zhí wù de zhǒng zi shì gè dà lì shì ma
植物的种子是个“大力士”吗？

zhǒng zi shì zhí wù yòng lái fán yǎn hòu dài de bié kàn xiǎo xiǎo
种子是植物用来繁衍后代的，别看小小
de zhǒng zi bù qǐ yǎn kě tā què shì gè dà lì shì ne zhǒng zi péng
的种子不起眼，可它却是个“大力士”呢！种子膨
zhàng de lì liàng néng gòu dǐng qǐ tǔ rǎng zhōng jiān yìng de tǔ kuài shèn zhì kě yǐ
胀的力量能够顶起土壤中坚硬的土块，甚至可以
dǐng qǐ zài tǐ jī hé zhòng liàng shang chāo guò tā bù zhǐ yī bèi de tǔ kuài zhè
顶起在体积和重量上超过它不止一倍的土块，这
duì yòu miáo de jí shí chū tǔ shì shí fēn yǒu lì de
对幼苗的及时出土是十分有利的。

从坚硬的椰壳中生出的椰树芽

yáng shù shì zěn yàng chuán bō zhǒng zi de
杨树是怎样传播种子的？

yáng shù shì kào yáng xù lái chuán bō zhǒng zi de tā de guǒ shí
杨树是靠杨絮来传播种子的。它的果实
yī dàn chéng shú jiù huì kāi liè lǐ miàn de zhǒng zi shang zhǎng yǒu xì
一旦成熟，就会开裂，里面的种子上长有细
xiǎo de bái máo néng suí fēng sì chù fēi yáng zhǒng zi bèi fēng chuī
小的白毛，能随风四处飞扬。种子被风吹
luò dào nǎ lǐ jiù huì zài nǎ lǐ shēng gēn fā yá
落到哪里，就会在哪里生根发芽。

杨絮

香蕉的种子

香蕉有没有种子？

人们平时吃的香蕉里并不是没有种子，香蕉果肉里面一排排褐色的小点，就是它的种子。只是经过长期的人工选择和培育后，香蕉的种子已经退化成现在这样了。

为什么苍耳会贴在动物身上？

苍耳的果实身上长满带钩的刺，只要碰上它，它就会粘在人们身上。其实苍耳是在请人们帮助它传播种子呢！苍耳的果实挂在人和动物身上，就可以免费旅行到很远的地方，一旦落在泥土里，到了第二年的春天，它们就会长出新的小苗来。

苍耳

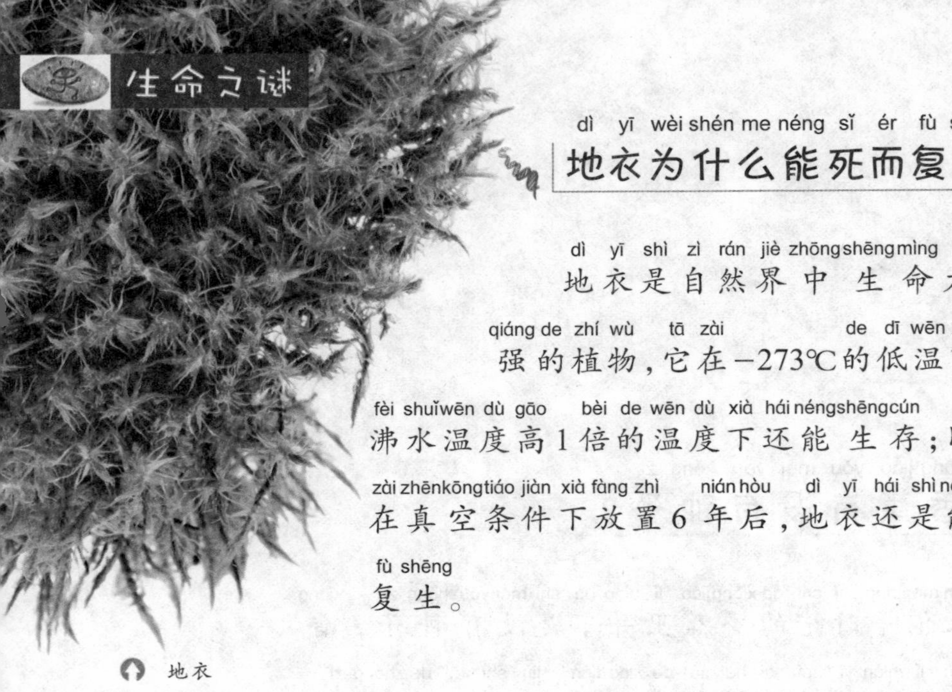

地衣

地衣为什么能死而复生？

地衣是自然界中生命力最顽强的植物，它在−273℃的低温下和比沸水温度高1倍的温度下还能生存；即使是在真空条件下放置6年后，地衣还是能死而复生。

水生植物为什么不会腐烂？

一般能够长期在水中正常生长的植物称为水生植物。水生植物大都具有很发达的通气组织，在它们的身体里形成了一个输送气体的通道网，即使长在不含氧气或氧气缺乏的污泥中也不会腐烂。

水生植物睡莲

为什么把人参称为“百草之王”？

人参是一种补药，主要生长在我国东北的长白山一带。野生的人参生长缓慢、采挖困难、疗效极高，所以非常珍贵。人参又具有很高的药用价值，可治疗久病虚脱、大出血等危重病症，因此又被称为“百草之王”。

人参

为什么韭菜割了还会长？

韭菜的叶片不是叶尖在长，而是从鳞茎中心的生长点不断生长出来的。因此，鳞茎外围的叶片长得很高大，鳞茎中部的叶片较小。韭菜割后，由于鳞茎内贮藏着许多养分，所以新叶又会长出来。

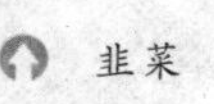
韭菜

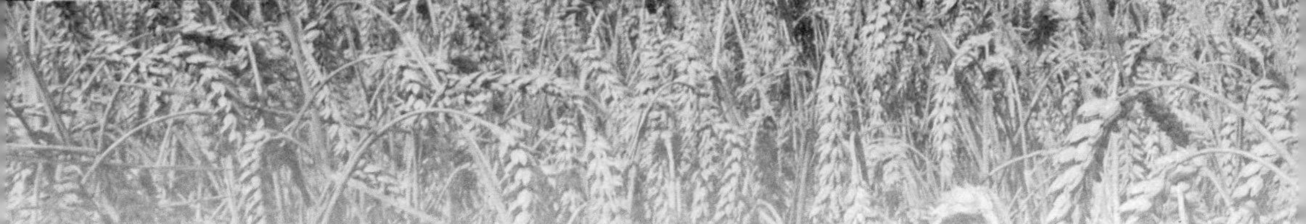

rén lèi zuì zǎo de liáng shi zuò wù shì shén me
人类最早的粮食作物是什么？

xiǎo mài shì rén lèi zuì zǎo zhòng zhí de liáng shi zuò wù zài gǔ āi jí de shí kè zhōng jiù
小麦是人类最早种植的粮食作物，在古埃及的石刻中就
yǐ jīng yǒu zāi péi xiǎo mài de jì zǎi le jù kǎo gǔ xué jiā yán jiū dà yuē zài
已经有栽培小麦的记载了。据考古学家研究，大约在
wàn nián qián dāng rén lèi hái zhù zài dòng xué lǐ de shí hou
1万年前，当人类还住在洞穴里的时候，
jiù kāi shǐ bǎ yě shēng de xiǎo mài dàng zuò shí wù le
就开始把野生的小麦当做食物了。

小麦

shuǐ dào shì shuǐ shēng zhí wù ma
水稻是水生植物吗？

shuǐ dào shì yà zhōu rén zhǔ yào de liáng shi yòu bèi chēng wéi yà zhōu liáng shi tā men
水稻是亚洲人主要的粮食，又被称为“亚洲粮食”。它们
shēng zhǎng zài shuǐ tián lǐ dàn què bù shì shuǐ shēng zhí wù shuǐ dào shì yī nián shēng hé běn kē
生长在水田里，但却不是水生植物。水稻是一年生禾本科
zhí wù tā méi yǒu shuǐ shēng zhí wù jù yǒu de fā dá de tōng qì zǔ zhī yè piàn yě méi yǒu shuǐ
植物，它没有水生植物具有的发达的通气组织，叶片也没有水
shēng zhí wù de tè zhēng
生植物的特征。

水稻

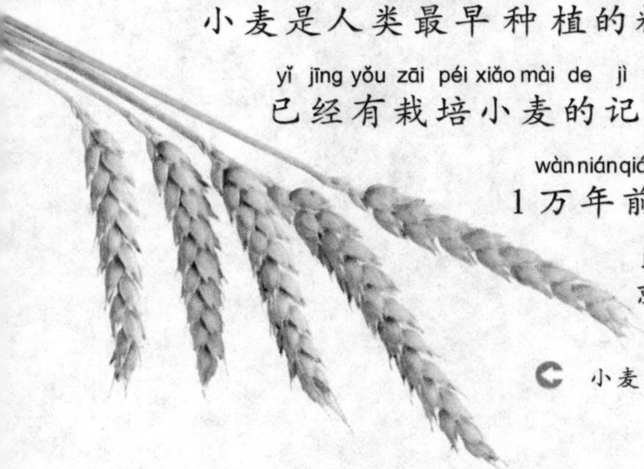

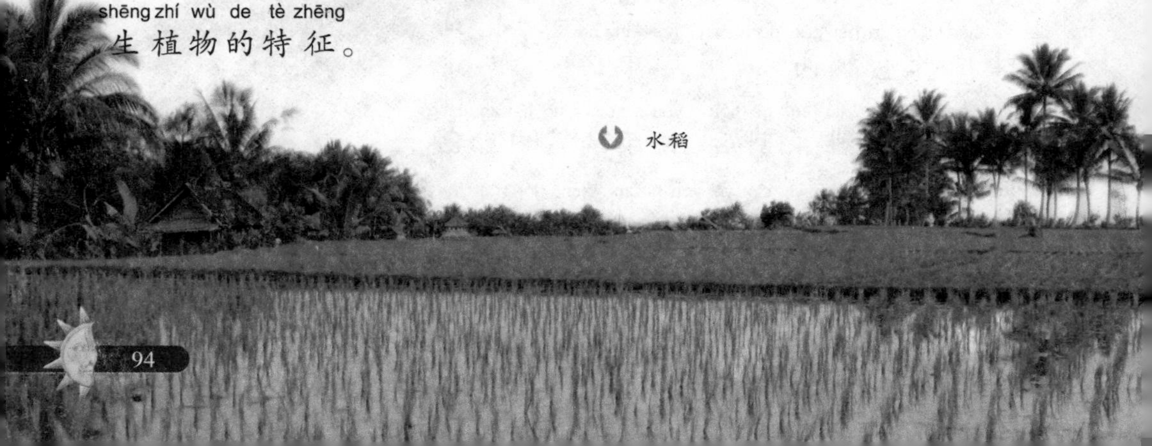

wèi shén me hú luó bo bèi chēng wéi xiǎo rén shēn
为什么胡萝卜被称为“小人参”？

hú luó bo shì yī zhǒng zhì cuì wèi měi yíngyǎngfēng fù de jiā cháng
胡萝卜是一种质脆味美、营养丰富的家常
shū cài hú luó bo hán yǒu fēng fù de hú luó bo sù jīng rén tǐ xiāo huà
蔬菜。胡萝卜含有丰富的胡萝卜素，经人体消化
xī shōu hòu huì zhuǎnhuà wéi wéi shēng sù wéi shēng sù néng cù jìn rén
吸收后会转化为维生素A。维生素A能促进人
tǐ fā yù gǔ gé shēngzhǎng hé zhī fáng fēn
体发育、骨骼生长和脂肪分
jiě děng shì rén tǐ suǒ bì xū de yíngyǎng
解等，是人体所必需的营养
wù zhì hú luó bo hái hán yǒu dà liàng
物质。胡萝卜还含有大量
de táng fèn hé diàn fěn wèi rén men jìn xíng
的糖分和淀粉，为人们进行
gè zhǒng gè yàng de huódòng tí gōng bì yào
各种各样的活动提供必要
de néngliàng cǐ wài hú luó bo
的能量。此外，胡萝卜
hái hán yǒu wéi shēng sù wéi
还含有维生素B、维
shēng sù hé ān jī suān děng wù
生素C和氨基酸等物
zhì duì rén tǐ de shēngzhǎng fā yù dà
质，对人体的生长发育大
yǒu yì chù hú luó bo de yíngyǎng jià zhí
有益处。胡萝卜的营养价值
rú cǐ zhī gāo yīn ér yǒu xiǎo rén shēn zhī chēng
如此之高，因而有“小人参”之称。

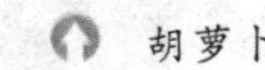
胡萝卜

动物的演变

在奇妙的大自然里，生活着形形色色的动物。早在人类出现以前，它们就已经生活在这颗美丽的星球上。如今，地球的每一寸土地上，都有动物们的足迹。它们维持着大自然的生态平衡，让我们的生活更加丰富多彩。

wèi shén me shuō sān yè chóng shì zǎo qī dòng wù jiè zhī wáng

为什么说三叶虫是早期动物界之王？

大多数三叶虫是比较简单的、小的海生动物，它们在海底爬行，通过过滤泥沙来吸取营养。

jù jīn yuē yì niánqián de hán
距今约 6 亿年前的寒
wǔ jì lù dì shang hái shì yī piànhuāng
武纪，陆地上还是一片荒
liáng hǎi yáng lǐ què yǐ jīng shì yī pài
凉，海洋里却已经是一派
shēng jī bó bó zhè shí hǎi lǐ de bà
生机勃勃。这时海里的霸
wáng dāng tuī sān yè chóng sān yè chóng
王当推三叶虫。三叶虫
shì jié zhī dòng wù de yī zhǒng quánshēn
是节肢动物的一种，全身
míngxiǎn fēn wéi tóu xiōng wěi sān bù fen bèi jiǎ bèi liǎngtiáozòngxiàngshēngōu gē liè chéng dà zhì
明显分为头、胸、尾三部分，背甲被两条纵向深沟割裂成大致
xiāngděng de piàn suǒ yǐ jiào zuò sān yè chóng tā biàn bù hǎi yáng
相等的3片，所以叫做三叶虫。它遍布海洋
gè gè jiǎo luò qiě shēn tǐ qiángjiàn shùliàngzhòngduō chéng
各个角落，且身体强健，数量众多，成
wéi dāng rén bù ràng de dòng wù jiè zhī wáng sān yè chóng
为当仁不让的动物界之王。三叶虫
jì huì yóuyǒng yòushàn yú pá xíng suǒ yǐ cóng
既会游泳，又善于爬行，所以从
hǎi dǐ dào hǎi miàn dào chù dōu zài tā de
海底到海面，到处都在它的
shì lì fàn wéi zhī nèi
势力范围之内。

三叶虫是所有化石动物中种类最丰富的，至今已经确定的有一万五千多个物种。

三叶虫大约生活在什么时候？

三叶虫是节肢动物的一种，它们生活在远古的海洋中，主要出现在寒武纪，到寒武纪晚期时发展到顶点。三叶虫在整个古生代3亿多年的漫长地质历程中生生不息，繁衍出了众多的类群和巨大的数量。

三叶虫是什么时候灭绝的？

进入志留纪后，地球上的环境发生了很大的变化。也许是不能适应这种变化，活跃于整个古生代海洋中的三叶虫开始走向衰退，延续到二叠纪末期时绝灭，没有进入中生代。

三叶虫化石

yú lèi de zǔ xiān shì shuí

鱼类的祖先是谁？

yú lèi de zǔ xiān shì wénchāng yú wénchāng yú de shēn tǐ xì cháng ér cè biǎn liǎngduān
鱼类的祖先是文昌鱼。文昌鱼的身体细长而侧扁，两端
jiān jiān de hǎoxiàng yī tiáo xiǎo biǎn dan tā qí
尖尖的，好像一条小扁担。它其
shí bìng bù shì zhēnzhèng de yú ér shì jiè
实并不是真正的鱼，而是介
yú wú jǐ zhuīdòng wù hé jǐ zhuīdòng
于无脊椎动物和脊椎动
wù zhī jiān de dòng wù gèng qū xiàng yú
物之间的动物，更趋向于
jǐ zhuīdòng wù
脊椎动物。

文昌鱼

jiǎ zhòu yú chū xiàn zài shén me shí hou

甲胄鱼出现在什么时候？

dà yuē zài yì niánqián de hán wǔ jì mò qī dì qiú shangchū xiàn le zuì zǎo de jǐ zhuī
大约在5亿年前的寒武纪末期，地球上出现了最早的脊椎
dòng wù jiǎ zhòu yú jiǎ zhòu yú qí shí bù
动物——甲胄鱼。甲胄鱼其实不
suàn shì zhēnzhèng de yú tā méi yǒuchéng duì de qí
算是真正的鱼，它没有成对的鳍，
yě méi yǒushàng xià hé zhǐ néngsuàn shì bǐ yú lèi
也没有上下颌，只能算是比鱼类
dī děng de wú hé lèi dòng wù
低等的无颌类动物。

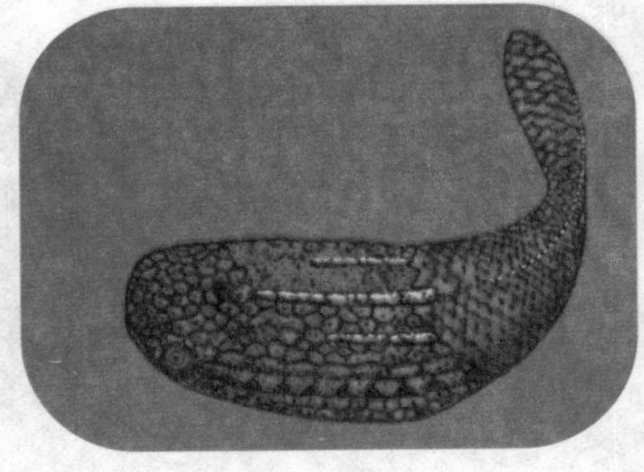

甲胄鱼

gǔ shēng dài de yú wèi shén me yòng fèi hū xī
古生代的鱼为什么用肺呼吸？

zài gǔ shēng dài ní pén jì hé
在古生代泥盆纪和
zhōngshēng dài shí qī dì qiú shang
中生代时期，地球上
céngjīng guǎng fàn fēn bù zhe yī zhǒng yìng gǔ yú lèi tā men dà duō shēng
曾经广泛分布着一种硬骨鱼类。它们大多生
huó zài dàn shuǐ zhōng bìng qiě yòng fèi hū xī nà shí hou jīng cháng
活在淡水中，并且用肺呼吸。那时候经常
fā shēng kě pà de gān hàn qiǎn shuǐ yě huì
发生可怕的干旱，浅水也会
yīn wèi fǔ làn de dòng zhí wù ér shī qù yǎng
因为腐烂的动植物而失去氧
qì dàn shuǐ lǐ de yú lèi zhǐ yǒu zhǎng zhe fèi cái
气，淡水里的鱼类只有长着肺，才
néng zài zhè zhǒng huán jìng xià shēng cún xià lái
能在这种环境下生存下来。

↑ 这种用肺呼吸的鱼类至今仍有生存。它们有着发达的肺部，部分种类即使没有水也能生存。

jīn tiān de yú yòng shén me hū xī
今天的鱼用什么呼吸？

jīn tiān de yú yòng sāi hū xī yú sāi zhǔ yào shēng zài
今天的鱼用鳃呼吸。鱼鳃主要生在
tóu bù liǎng cè shuǐ liú cóng yú zuǐ lǐ liú rù zài cóng sāi kǒng
头部两侧，水流从鱼嘴里流入，再从鳃孔
liú chū lái zài bù duàn tōng guò sāi de shí hou
流出来，在不断通过鳃的时候
jìn xíng qì tǐ jiāo huàn sāi yòu jìn yī bù
进行气体交换。鳃又进一步
jiāng yǎng qì tòu guò yī céng shàng pí zǔ zhī dào
将氧气透过一层上皮组织，到
dá sāi sī de máo xì xuè guǎn chuán sòng dào quán shēn
达鳃丝的毛细血管，传送到全身。

鹦鹉螺是现代章鱼、乌贼的亲戚。

yīng wǔ luó miè jué le ma
鹦鹉螺灭绝了吗？

yīng wǔ luó shì yī zhǒng hǎi yáng ruǎn tǐ dòng wù zài gǔ shēng dài de shí hou céng jīng biàn bù
鹦鹉螺是一种海洋软体动物，在古生代的时候曾经遍布
quán qiú dàn xiàn zài zhǐ zài nán tài píng yáng de shēn hǎi lǐ hái cún huó zhe zhǒng yīng wǔ luó yǐ
全球，但现在只在南太平洋的深海里还存活着6种。鹦鹉螺已
jīng zài dì qiú shang jīng lì le shù yì nián de yǎn biàn bèi chēng zuò hǎi yáng zhōng de huó huà shí
经在地球上经历了数亿年的演变，被称做海洋中的“活化石”。

hǎi yáng dòng wù shuí dì yī gè dēng shàng lù dì
海洋动物谁第一个登上陆地？

zuì zǎo dēng shàng lù dì de shì zǒng qí yú lèi zài ní pén jì wǎn qī dì qiú shang yǐ
最早登上陆地的是总鳍鱼类。在泥盆纪晚期，地球上已
yǒu le dà piàn de lù dì zǒng qí yú lèi yīn bù jǐn kě yòng sāi hū xī hái kě yǐ yòng biào xī
有了大片的陆地。总鳍鱼类因不仅可用鳃呼吸，还可以用鳔吸
qǔ kōng qì zhōng de yǎng bìng qiě yòng chéng duì de ǒu qí zhī chēng shēn tǐ suǒ
取空气中的氧，并且用成对的偶鳍支撑身体，所
yǐ miǎn qiǎng zài lù shang pá xíng zhè yǒu lì yú tā men
以勉强在陆上爬行，这有利于它们
xún zhǎo hé shì yìng xīn de shēng huó
寻找和适应新的生活
huán jìng
环境。

总鳍鱼

肺鱼可以用腹鳍行走并用肺呼吸。这些特征与两栖类极为相似，致使科学家曾误认为它们是两栖类的祖先。

鱼类是两栖动物的祖先吗？

在4亿年前的泥盆纪，湖泊和沼泽里生活着数量极多的总鳍鱼。总鳍鱼经过长时期的适应，逐渐演变成了既可在水中游动，又能在陆上跳跃的原始两栖动物。所以鱼类就是两栖动物的祖先。

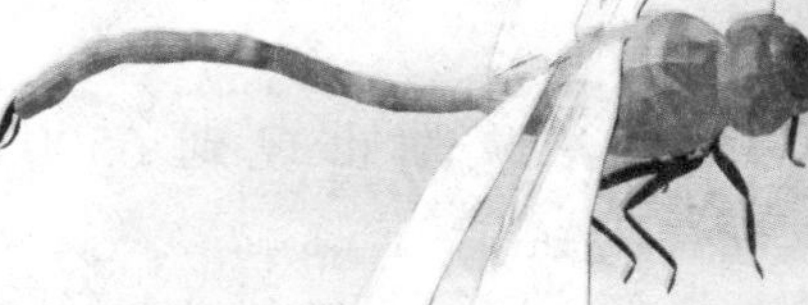

石炭纪地球上生活着许多巨型昆虫，最著名的是宽近1米的大蜻蜓。

石炭纪的昆虫为什么个头很大？

在距今3亿年前的石炭纪时期，地球大气层中的氧气浓度高达35%，远远超出现在的标准。昆虫是通过身体中的微型气管直接吸收氧气的，高氧气含量能促使它们朝大个头方向进化。

三叠纪的始盗龙是世界上最早的恐龙之一。

kǒng lóng shì shén me shí hou chū xiàn de
恐龙是什么时候出现的？

zài sān dié jì shí qī de pá xíng dòng wù zhōng yǒu yī xiē xiàng è yú mú yàng de dòng wù
在三叠纪时期的爬行动物中，有一些像鳄鱼模样的动物，
zhǎng zhe wěi ba hé qiáng yǒu lì de hòu zhī kē xué jiā jiāng tā men chēng wéi cáo chǐ dòng wù dà
长着尾巴和强有力的后肢，科学家将它们称为槽齿动物。大
yuē zài jù jīn yì nián qián de sān dié jì wǎn qī yī xiē cáo chǐ dòng wù kāi shǐ yòng tā men qiáng
约在距今2亿年前的三叠纪晚期，一些槽齿动物开始用它们强
zhuàng de hòu zhī xíng zǒu bìng qiě tái qǐ cháng wěi ba bǎo chí shēn tǐ píng héng zhè jiù shì zuì zǎo
壮的后肢行走，并且抬起长尾巴保持身体平衡，这就是最早
de kǒng lóng
的恐龙。

kǒng lóng tǒng zhì dì qiú duō cháng shí jiān
恐龙统治地球多长时间？

kǒng lóng cóng sān dié jì wǎn qī chū xiàn dào wàn nián qián bái è
恐龙从三叠纪晚期出现到6500万年前白垩
jì mò qī miè jué gòng tǒng zhì le dì qiú jìn yì nián de shí jiān huó
纪末期灭绝，共统治了地球近1.6亿年的时间，活
yuè zài zhěng gè zhōng shēng dài sān dié jì zhū luó jì hé bái è jì shí
跃在整个中生代三叠纪、侏罗纪和白垩纪时
qī yīn cǐ zhōng shēng dài yòu bèi chēng wéi kǒng lóng shí dài
期，因此中生代又被称为“恐龙时代”。

生存于白垩纪末期的霸王龙

恐龙统治了地球长达一亿六千万年之久，突然间消失灭绝了，这成为生物史上的难解之谜。

kǒng lóng wèi shén me huì miè jué
恐龙为什么会灭绝？

dà yuē zài wàn nián qián céng shì dì qiú bà zhǔ de kǒng lóng chè dǐ miè jué le kē
大约在6500万年前，曾是地球霸主的恐龙彻底灭绝了。科
xué jiā men tí chū le zhǒng zhǒng shuō fǎ rú yǔn shí zhuàng jī dì qiú shuō dà lù piāo yí shuō
学家们提出了种种说法，如陨石撞击地球说、大陆漂移说、
huán jìng gǎi biàn shuō děng dàn zhì jīn réng rán méi yǒu míng què de dìng lùn yě xǔ rén men yǒng yuǎn
环境改变说等，但至今仍然没有明确的定论，也许人们永远
dōu wú fǎ jiě kāi zhè ge mí
都无法解开这个谜。

shuí qǔ dài le kǒng lóng chéng wéi xīn de dì qiú bà zhǔ
谁取代了恐龙成为新的地球霸主？

bái è jì mò qī kǒng lóng cóng shì jiè shang xiāo shī le kǒng lóng de miè jué duì yú gǔ
白垩纪末期，恐龙从世界上消失了。恐龙的灭绝对于古
lǎo de bǔ rǔ dòng wù lái shuō zhēn shì tiān cì liáng jī tā men dù guò le zhè chǎng wēi nàn dà liàng
老的哺乳动物来说真是天赐良机，它们度过了这场危难，大量
fán yǎn bìng xùn sù qǔ dài le kǒng lóng de wèi zhi chéng wéi le xīn yī dài de dì qiú bà zhǔ
繁衍并迅速取代了恐龙的位置，成为了新一代的地球霸主。

bǔ rǔ dòng wù wèi shén me méi yǒu tóng kǒng lóng yī qǐ miè jué

哺乳动物为什么没有同恐龙一起灭绝？

恐龙灭绝以后，哺乳动物的生存空间变大了，更多种类的哺乳动物逐渐进化形成。

bái è jì wǎn qī dà lù piāo yí hé hǎi píngmiàn de xià
白垩纪晚期，大陆漂移和海平面的下
jiàngwèi bǔ rǔ dòng wù tí gōng le xīn de shēng
降为哺乳动物提供了新的生
huókōngjiān kǒnglóng de miè jué yòuràng tā men
活空间，恐龙的灭绝又让它们
shǎo le shēngcún de tiān dí yīn cǐ bǔ rǔ dòng wù
少了生存的天敌，因此哺乳动物
bù dàn méi yǒu xiāowáng fǎn ér hái xùn sù zhuàng dà le qǐ lái
不但没有消亡，反而还迅速壮大了起来。

shuí shì niǎo lèi de zǔ xiān

谁是鸟类的祖先？

shǐ zǔ niǎo shì mù qiángōngrèn de niǎo lèi zǔ xiān tā shēnghuó zài jù jīn yì niánqián
始祖鸟是目前公认的鸟类祖先，它生活在距今1.5亿年前
de zhū luó jì shí dài shǐ zǔ niǎo de yàng zi hé xiàn zài de niǎo lèi dà xiāngjìng tíng
的侏罗纪时代。始祖鸟的样子和现在的鸟类大相径庭。
tā bù jǐn yǒu niǎo lèi de tè zhēng hái yǒu pá xíngdòng wù de bù fen tè zhēng rán
它不仅有鸟类的特征，还有爬行动物的部分特征。然
ér duì yú shǐ zǔ niǎo zhī qián hái yǒu méi yǒugèngzǎo de niǎo lèi zài kē xué
而对于始祖鸟之前还有没有更早的鸟类，在科学
jiè hái cún zài zhezhēng lùn
界还存在着争论。

猛犸象为什么会绝迹？

猛犸象又叫长毛象，他们身上裹着厚厚的脂肪，御寒力超强。由于第四纪冰期结束造成的气候变暖等环境变化，加上原始人类的捕猎，一万年前，猛犸象在地球上消失了。

始祖鸟

冰河时代之后，猛犸象和许多大型动物都灭绝了。

动物是怎么分类的？

科学家把动物分为脊椎动物和无脊椎动物两大类，脊椎动物包括哺乳动物、爬行动物、两栖动物、鱼类和鸟类，是所有动物中进化最高的。无脊椎动物的种类占动物总种类数的95%，包括棘皮动物、软体动物、腔肠动物、节肢动物等。

dòng wù huì bù huì zuò mèng
动物会不会做梦？

bìng bù shì suǒ yǒu de dòng wù dōu huì zuòmèng kē
并不是所有的动物都会做梦。科
xué jiā jīng guò xì zhì de yán jiū fā xiàn yuè gāo jí de
学家经过细致地研究发现，越高级的
dòng wù yuè róng yì zuòmèng suǒ yǐ gè zhǒng bǔ rǔ dòng wù dōu huì zuòmèng
动物越容易做梦。所以各种哺乳动物都会做梦，
niǎo lèi huì zuò hěnduǎn de mèng qí tā de pá xíngdòng wù liǎng qī dòng wù
鸟类会做很短的梦，其他的爬行动物、两栖动物、
yú lèi hé wú jǐ zhuīdòng wù zé dōu bù huì zuòmèng
鱼类和无脊椎动物则都不会做梦。

狗在睡觉时也会经历与人类大同小异的梦境。

shuí shì dòng wù zhōng de tiào gāo guān jūn
谁是动物中的跳高冠军？

rú guǒdòng wù jiè kāi yùndòng huì de huà tiào gāo jīn pái fēi měizhōu shī mò shǔ tā zòng
如果动物界开运动会的话，跳高金牌非美洲狮莫属。它纵
shēn yī yuè jiù néngkuà guò mǐ de lán gān bǐ tā de shēngāo gāo chū bèi bù guò yào
身一跃就能跨过4.6米的栏杆，比它的身高高出5倍。不过要
shì yǐ shēngāo lái héngliàng tiào gāo gāo dù de huà tiào zǎo jiù shì dāngrén bù ràng de guàn jūn le
是以身高来衡量跳高高度的话，跳蚤就是当仁不让的冠军了，
tā néngtiào guò zì jǐ shēncháng bèi de gāo dù
它能跳过自己身长100倍的高度。

美洲狮

跳蚤

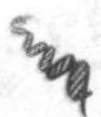

nǎ xiē dòng wù xū yào dōngmián
哪些动物需要冬眠？

dōngmián de dòng wù dà zhì kě yǐ fēn wéi liǎng lèi yī lèi shì qīng
冬眠的动物大致可以分为两类：一类是青
wā shéděngliǎng qī lèi pá xíng lèi dòng wù tā men shì biànwēndòng wù
蛙、蛇等两栖类、爬行类动物。它们是变温动物，
tǐ wēn huì suí zhezhōuwéihuánjìng wēn dù de jiàng dī ér xià jiàng dōngtiān tiān
体温会随着周围环境温度的降低而下降，冬天天
qì yī lěng tā men jiù bù shí bù dòng jìn rù dōngmiánzhuàng tài lìng
气一冷，它们就不食不动，进入冬眠状态。另
yī lèi shì bǔ rǔ dòng wù bǔ rǔ dòng wù shì héngwēndòng wù dōngmián shí
一类是哺乳动物。哺乳动物是恒温动物，冬眠时
huì jiāng zì jǐ de tǐ wēn xià jiàngdào jiē jìn zhōuwéihuánjìng de wēn dù bìng
会将自己的体温下降到接近周围环境的温度，并
qiě jiǎnshǎomài bó hé hū xī de cì shù yǐ jié yuēnéngliàngxiāo hào dōng
且减少脉搏和呼吸的次数，以节约能量消耗。冬
mián de xióng shì yī gè lì wài tā men tǐ wēn zhǐ xià jiàng jǐ dù qī jiān
眠的熊是一个例外，它们体温只下降几度，期间
yě bù huì qǐ lái jìn shí zhǐ kào zì jǐ de zhī fáng dù rì
也不会起来进食，只靠自己的脂肪度日。

有些熊类有冬眠的习惯。

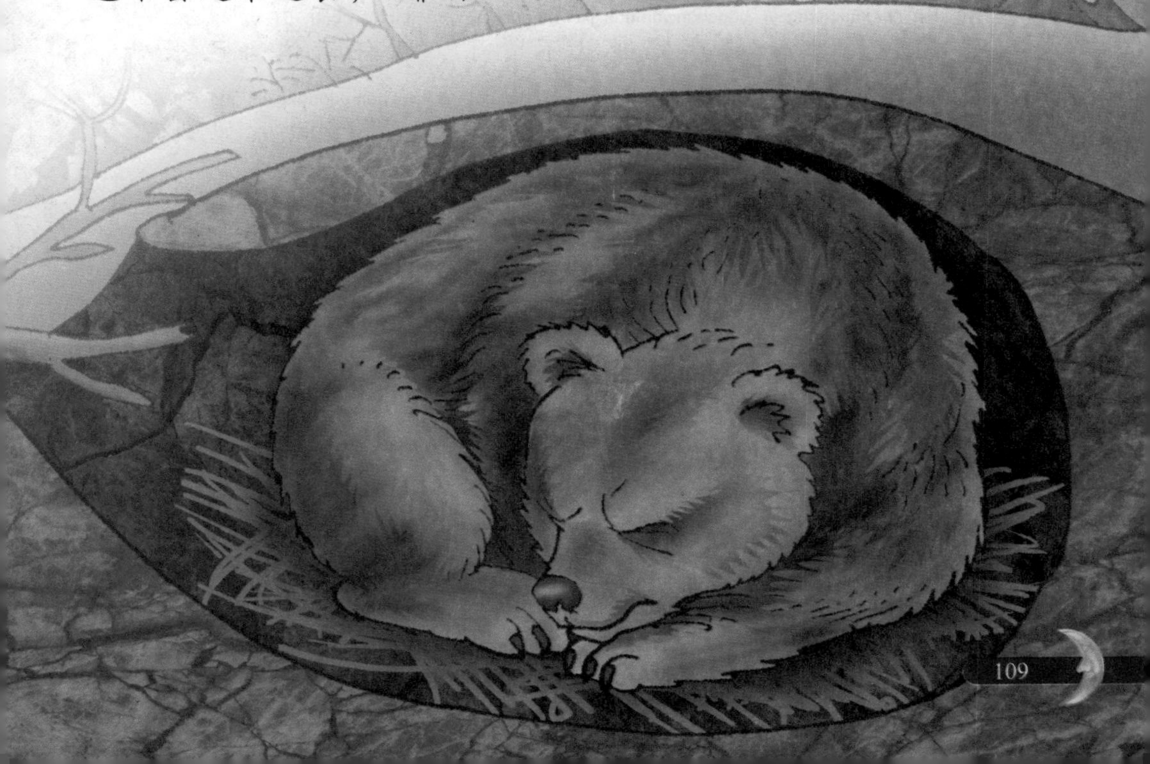

冬眠的北极熊

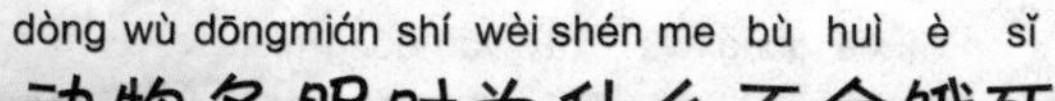

动物冬眠时为什么不会饿死？

动物从夏季就开始大吃大喝为冬眠做准备了，等到冬天，它们的身体已经变得肥肥壮壮的。冬眠时动物需要的营养物比平时少很多，体内储存的大量营养完全能保证它们度过冬眠期，所以根本不会饿死。

动物妈妈如何照顾自己的孩子？

鱼类和昆虫一般产完卵就不管了，听任幼体自己长大，但哺乳动物和鸟类都会照顾自己的孩子。很多动物妈妈都有一套照顾宝宝们的好办法，除了给它们哺乳和喂食外，还要教它们学习躲避敌害和觅食。

鸟妈妈哺育小鸟

海龟生蛋时会流眼泪。除此之外，海鸥、信天翁等长期与海水为伴的动物，都会有这种看似“流泪”的排盐现象。

dòng wù yě liú yǎn lèi ma
动物也流眼泪吗？

dòng wù liú yǎn lèi hé rén yǒu xiē bù yī yàng tā men bù shì yīn wèi bēi shāng huò zhě gāo
动物流眼泪和人有些不一样，它们不是因为悲伤或者高
xìng ér liú lèi ér shì wèi le qīng jié hé shī rùn yǎn qiú fáng zhǐ jiǎo mó gān zào shòu sǔn xiàng
兴而流泪，而是为了清洁和湿润眼球，防止角膜干燥受损。像
è yú hǎi guī děng dòng wù liú lèi zé shì wèi le pái chū shēn tǐ zhōng duō yú de yán fèn
鳄鱼、海龟等动物流泪，则是为了排出身体中多余的盐分。

dòng wù wèi shén me huì yǒu yù gǎn
动物为什么会有预感？

xǔ duō dòng wù dōu jù yǒu duì wèi lái shì qíng de yù zhī
许多动物都具有对未来事情的预知
néng lì bǐ rú dì zhèn qián gǒu lǎo shǔ děng dòng wù
能力，比如地震前，狗、老鼠等动物
dōu huì yǒu suǒ gǎn yìng biǎo xiàn chū xīn shén bù níng
都会有所感应，表现出心神不宁、
jiāo lǜ shèn zhì bān jiā de xíng wéi cóng ér bì kāi
焦虑，甚至搬家的行为，从而避开
zāi nán zhè zhǒng yù gǎn néng lì hé dòng wù bù tóng
灾难。这种预感能力和动物不同
yú rén lèi de mǐn ruì gǎn guān yǒu guān
于人类的敏锐感官有关。

有些动物在地震来临前会表现异常。

biān fú shì niǎo ma
蝙蝠是鸟吗？

biān fú suī rán huì fēi dàn tā bìng bù shì niǎo ér shì yī zhǒng
蝙蝠虽然会飞，但它并不是鸟，而是一种
bǔ rǔ dòng wù biān fú méi yǒu yǔ máo tā de zhǐ gǔ zhǎng gǔ hé
哺乳动物。蝙蝠没有羽毛，它的指骨、掌骨和
qián bì tè bié cháng gòng tóng zhī chēng qǐ yī céng yòu báo yòu ruǎn de pí
前臂特别长，共同支撑起一层又薄又软的皮
mó xíng chéng biān fú tè yǒu de fēi xíng qì guān yì shǒu
膜，形成蝙蝠特有的飞行器官——翼手。

蝙蝠

wèi shén me tù zi chī zì jǐ de fèn biàn
为什么兔子吃自己的粪便？

tù zi de wèi hěn xiǎo tā bái tiān chī le dà liàng
兔子的胃很小，它白天吃了大量
mù cǎo hòu wǎng wǎng chū xiàn yíng yǎng guò shèng dào le wǎn
牧草后，往往出现营养过剩，到了晚
shang biàn xíng chéng ruǎn fèn pái chú tǐ wài yīn wèi ruǎn
上便形成软粪排除体外。因为软
fèn zhōng de gè zhǒng yíng yǎng wù zhì yǐ chéng bàn xiāo huà
粪中的各种营养物质已呈半消化
zhuàng tài róng yì bèi shēn tǐ xī shōu hé lì yòng suǒ
状态，容易被身体吸收和利用，所
yǐ tù zi yǒu shí hou huì chī zì jǐ de fèn biàn
以兔子有时候会吃自己的粪便。

兔子

白鳍豚为什么成为濒危物种？

白鳍豚是鲸类家族中的小个体成员，也是我国长江特有的淡水鲸类。由于人类对长江的过度开发和污染，使得它们的数量在上个世纪里急速下降。由于数量奇少，白鳍豚不仅被列为国家一级保护动物，也是世界最濒危动物之一。

穿山甲以什么为食？

穿山甲以白蚁为食，一只穿山甲一年能吃好几十万只白蚁。夏秋季节，气温较高，白蚁在地表活动，穿山甲就舔食地面的白蚁。到了气温较低的冬春时节，白蚁都集中在蚁巢内活动，穿山甲就挖开蚁巢来取食。

穿山甲

人类的进化

人类是地球上的一种高智慧动物。人类的历史，有太多太多曲折的道路，也有太多太多精彩的故事。一直到今天，人们依然不能清晰地发掘出人类发展的全部脚印，但是已经可以大致勾勒出人类进化的粗疏旅程。

nǐ zhī dào shàng dì zào rén de gù shi ma
你知道上帝造人的故事吗？

yuǎn gǔ rén men wèi le xún qiú rén lèi de qǐ yuán chuàngzào le xǔ duō shénhuà chuánshuō
远古人们为了寻求人类的起源，创造了许多神话传说，
shàng dì zào rén de gù shi jiù shì qí zhōng liú chuán zuì guǎng de yī gè shàng dì zài chuàngzào
上帝造人的故事就是其中流传最广的一个。上帝在创造
le tiān dì wàn wù zhī hòu jiù kāi shǐ zào rén tā xiān àn zhào zì jǐ de mú yàng zào le yī gè
了天地万物之后，就开始造人。他先按照自己的模样造了一个
nán rén míng zi jiào yà dāng yòu qǔ xià yà dāng de yī tiáo lèi gǔ zào le yī gè nǚ rén míng
男人，名字叫亚当，又取下亚当的一条肋骨，造了一个女人，名
zi jiào xià wá yà dāng hé xià wá jiù shì zuì zǎo de rén lèi zǔ xiān
字叫夏娃。亚当和夏娃就是最早的人类祖先。

上帝创造亚当

nǐ tīng guò nǚ wā zào rén de gù shi ma
你听过女娲造人的故事吗？

gè gè mín zú dōu yǒu zì jǐ de zào rén shénhuà zài zhōngguó shénhuà lǐ zào rén de shì
各个民族都有自己的造人神话，在中国神话里，造人的是
nǚ wā chuánshuō nǚ wā yòng ní tǔ fǎngzhào zì jǐ chuàngzào le rén chuàngzào le rén lèi shè
女娲。传说女娲用泥土仿照自己创造了人，创造了人类社
huì yòu tì rén lèi jiàn lì le hūn yīn zhì dù shǐ qīngnián nán nǚ xiāng hù hūn pèi fán yǎn hòu dài
会。又替人类建立了婚姻制度，使青年男女相互婚配，繁衍后代。

最早提出生物进化学说的人是谁？

1809年，法国博物学家拉马克出版了《动物学哲学》一书，最先提出了生物进化的学说，是进化论的倡导者。拉马克是生物学伟大的奠基人之一，“生物学”一词就是他发明的。

拉马克

最完整地论述生物进化观点的人是谁？

英国生物学家达尔文是进化论的奠基人，1859年他出版了《物种起源》一书，完整地论述了生物进化的观点。恩格斯将“进化论”列为19世纪自然科学的三大发现之一。

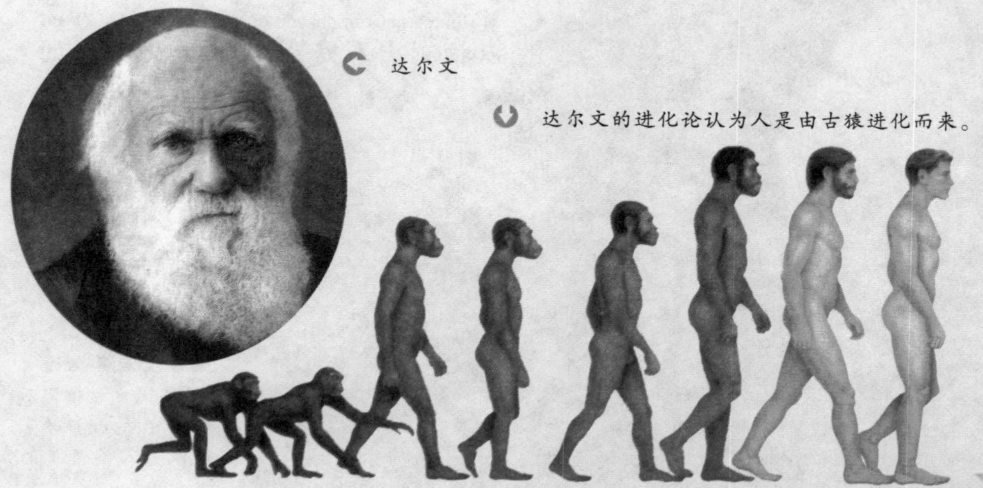

达尔文

达尔文的进化论认为人是由古猿进化而来。

rén lèi de zǔ xiān shén me shí hou chū xiàn

人类的祖先什么时候出现？

dà yuē zài jù jīn wàn nián qián dì qiú shang chū xiàn le yī zhǒng dà xíng de líng zhǎng lèi dòng wù gǔ yuán yóu yú zhè zhǒng dòng wù zhǐ fēn bù zài fēi zhōu dà lù nán bù suǒ yǐ chēng wéi nán fāng gǔ yuán nán fāng gǔ yuán shì xiàn dài gōng rèn de zuì zǎo de rén lèi zǔ xiān cǐ hòu yuán shǐ rén lèi zhú jiàn cóng yuán lèi zhōng fēn lí chū lái

大约在距今500万年前，地球上出现了一种大型的灵长类动物——古猿。由于这种动物只分布在非洲大陆南部，所以称为南方古猿。南方古猿是现代公认的最早的人类祖先，此后，原始人类逐渐从猿类中分离出来。

wèi shén me shuō rén shì yóu gǔ yuán jìn huà lái de

为什么说人是由古猿进化来的？

rén hé yuán zài wài biǎo xíng tài jiě pōu xué hé shēng lǐ xué fāng miàn dōu cún zài zhe jí qí xiāng sì de tè zhēng kē xué jiā fā xiàn le hěn duō huà shí yǔ rén yǒu zhe xiāng sì de gǔ gé tè zhēng dàn yòu yǒu yī xiē bù tóng cóng zhè xiē huà shí wǒ men kě yǐ tuī cè chū rén shì yóu gǔ yuán jìn huà ér lái de

人和猿在外表形态、解剖学和生理学方面，都存在着极其相似的特征。科学家发现了很多化石，与人有着相似的骨骼特征，但又有一些不同。从这些化石，我们可以推测出人是由古猿进化而来的。

腊玛古猿是一种正向着适于开阔地带生活变化的古猿，在南方古猿化石发现前，它被科学家误以为人类最早的祖先。

为什么说人是一种动物？

和其他动物一样，人类是由水、蛋白质、糖类等化学元素组成的一个有机体。人类也不能像植物那样通过光合作用自己制造食物，而是必须摄取食物，所以说人也是一种动物。

人是一种情感丰富的动物。

人和动物有什么区别？

人属于动物，却不是一般的动物。人不只是外表上和动物不一样，最特殊的是我们具有发达的智力，有思考和推理的能力。人类的大脑容量庞大，还有语言能力，这些都是动物所不具备的能力。

人与动物

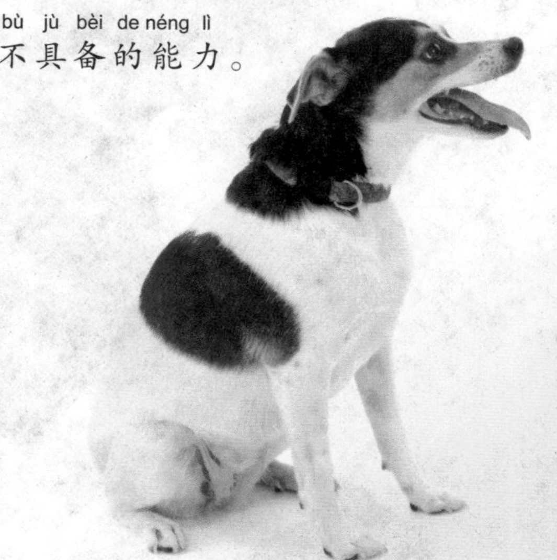

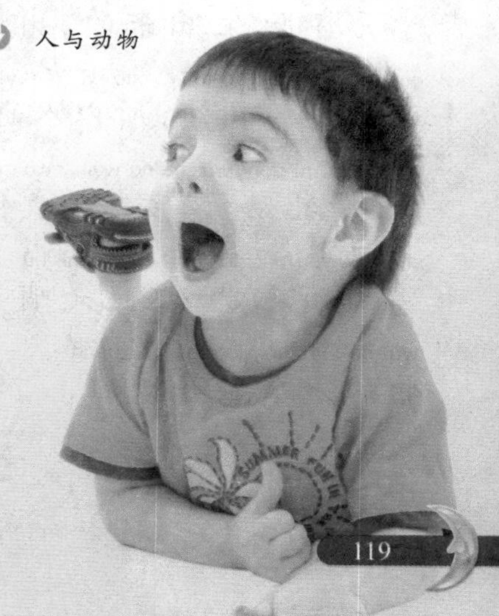

rén shì jǐ zhuī dòng wù ma

人是脊椎动物吗？

mō yī mō zì jǐ de hòu bèi wǒ men huì fā xiàn nà lǐ yǒu
摸一摸自己的后背，我们会发现那里有
yī tiáo jǐ liáng gǔ zhè shì suǒ yǒu jǐ zhuīdòng wù gòngyǒu de tè zhēng
一条脊梁骨，这是所有脊椎动物共有的特征。
yú lèi liǎng qī dòng wù pá xíngdòng wù niǎo lèi hé bǔ rǔ dòng wù
鱼类、两栖动物、爬行动物、鸟类和哺乳动物
dōu yǒu zhèyàng de jǐ liang gǔ yīn cǐ zhè xiē dòng wù hé rén lèi
都有这样的脊梁骨，因此，这些动物和人类
dōu shǔ yú jǐ zhuīdòng wù
都属于脊椎动物。

人类的脊椎

wèi shén me shuō rén shì bǔ rǔ dòng wù

为什么说人是哺乳动物？

bǔ rǔ dòng wù de xiǎn zhù tè zhēng jiù shì tāi shēng hé
哺乳动物的显著特征就是胎生和
bǔ rǔ rén lèi yě shì yī yàng dōu shì jīng guò mā ma
哺乳。人类也是一样，都是经过妈妈
shí yuè huái tāi shēngchū lái de chūshēnghòu dōu chī
十月怀胎生出来的，出生后都吃
guò mā ma de rǔ zhī suǒ yǐ rén yě shì yī
过妈妈的乳汁，所以人也是一
zhǒng bǔ rǔ dòng wù lìng wài wǒ menquán
种哺乳动物。另外，我们全
shēndōu yǒu máo fà zhè yě shì bǔ rǔ dòng
身都有毛发，这也是哺乳动
wù de yī gè xiǎn zhù tè zhēng
物的一个显著特征。

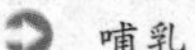
哺乳

wèi shén me shuō rén shì líng zhǎng lèi dòng wù
为什么说人是灵长类动物？

rén shì yī zhǒng líng zhǎng lèi dòng wù chú le rén zhī
人是一种灵长类动物，除了人之
wài líng zhǎng lèi dòng wù hái bāo kuò yuán lèi hé hóu lèi
外，灵长类动物还包括猿类和猴类。
líng zhǎng lèi dòng wù jù yǒu yī xiē gòng tóng de tè zhēng sì
灵长类动物具有一些共同的特征：四
zhī guān jié líng huó jiān bù kě yǐ zuò dà fú dù de huán
肢关节灵活、肩部可以做大幅度的环
zhuǎn yùn dòng mǔ zhǐ hé qí tā sì zhǐ fēn kāi bìng jù yǒu
转运动、拇指和其他四指分开并具有
yī dìng de zhuā wò gōng néng bí zi suō xiǎo ér yǎn jing biàn dà děng
一定的抓握功能、鼻子缩小而眼睛变大等。

灵长目是哺乳纲的一个目，是目前动物界最高等的类群。

wèi shén me shuō rén shì yī zhǒng yuán
为什么说人是一种猿？

yuán lèi de tè zhēng shì jù yǒu jié gòu fù zá de dà nǎo biǎn píng de xiōng gǔ hé kuān kuò
猿类的特征是具有结构复杂的大脑、扁平的胸骨和宽阔
de xiōng kuò méi yǒu wěi ba jiān jiǎ gǔ wèi yú bèi shang liǎng cè xià jiù chǐ shang de gōu wén
的胸廓，没有尾巴，肩胛骨位于背上两侧，下臼齿上的沟纹
chéng xíng rén tóng yàng jù yǒu zhè xiē tè zhēng suǒ
呈“Y”型。人同样具有这些特征，所
yǐ rén shì yī zhǒng yuán
以人是一种猿。

有些猿类动物也能做出和人类相似的表情。

原始人打制石器

人类最初使用什么工具？

工具是人类区别于其他动物的标志之一，对人类来说意义重大。最初的人类主要使用砾石打制的工具，也有一些形状不规则的石片。后来人们开始制造简单的石器、木器、骨器等，慢慢地也学会了制作陶器。

火是怎么来的？

原始人捡拾天然火种

火原本是大自然中的一种自然现象，如火山爆发引起的大火、雷电使树木等燃烧而产生的天然火等。原始人类在使用天然火的过程中，渐渐学会了人工取火。

最早获得火种的方法是用黄铁矿拓击燧石，后来人们又发明了摩擦起火。

原始人使用火

原始人生活的场景

rén lèi zǎo qī de fáng zi
人类早期的房子
shì shén me yàng zi de
是什么样子的？

duì yú zǎo qī de rén lèi lái shuō
对于早期的人类来说，
shāndòng wú yí shì zuì hǎo de bì nàn suǒ le dàn bìng bù shì suǒ
山洞无疑是最好的避难所了。但并不是所
yǒu de rén dōu yǒu shāndòng kě yǐ zhù nà xiē zài yě wài de
有的人都有山洞可以住，那些在野外的
rén jiù yòng shù zhī dā chéng fáng wū yě yǒu lì yòng dòng wù de
人就用树枝搭成房屋，也有利用动物的
gǔ tou hé pí máo lái jiàn zào fáng wū de
骨头和皮毛来建造房屋的。

原始人在山洞里的生活场景。

rén wèi shén me bù zhǎng wěi ba
人为什么不长尾巴？

rén yuánběn shì yǒu wěi ba de hòu lái jiù tuì huà le rén de wěi gǔ jiù shì wěi ba tuì
人原本是有尾巴的，后来就退化了。人的尾骨就是尾巴退
huà de biǎo xiàn rén lèi de zǔ xiān gǔ yuán cóng sēn lín lǐ
化的表现。人类的祖先古猿从森林里
zhuǎn yí dào dì miàn lái shēnghuó yòng bù shàng wěi ba wěi ba
转移到地面来生活，用不上尾巴，尾巴
jiù jiàn jiàn xiāo shī le zhǐ shèng xià le nà jié duǎnduǎn de kàn
就渐渐消失了，只剩下了那截短短的看
bù jiàn de wěi gǔ
不见的尾骨。

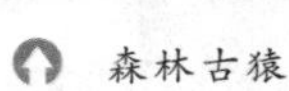

森林古猿

南方古猿

能人

直立人

智人

rén de jìn huà jīng lì le jǐ gè jiē duàn
人的进化经历了几个阶段？

rén lèi shì yóu gǔ yuán jìn huà ér lái de kē xué jiā rèn wéi rén lèi de jìn huà gòng jīng lì le sì gè jiē duàn nán fāng gǔ yuán néng rén zhí lì rén zhì rén qí zhōng zhì rén yòu bāo kuò zǎo qī zhì rén hé wǎn qī zhì rén jiē duàn xiàn dài rén yě shǔ yú zhì rén

人类是由古猿进化而来的，科学家认为人类的进化共经历了四个阶段：南方古猿——能人——直立人——智人。其中智人又包括早期智人和晚期智人阶段，现代人也属于智人。

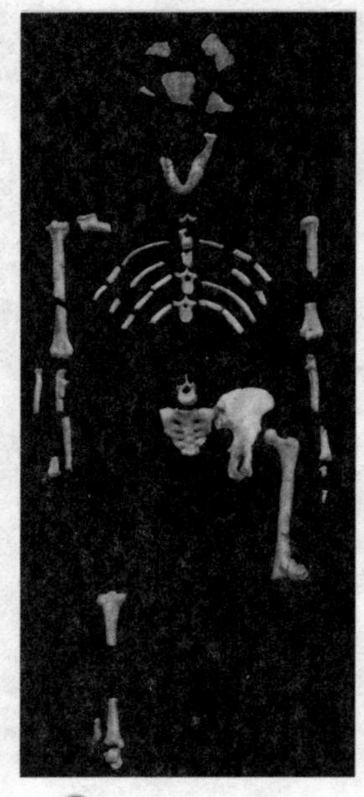

距今300万年前的猿人化石

zuì zǎo fā xiàn de rén lèi huà shí shì shén me
最早发现的人类化石是什么？

zuì zǎo de rén lèi huà shí fā xiàn yú nián nà yī nián yīng guó hǎi biān de yī gè shān dòng lǐ fā xiàn le yī jù rén lèi gǔ jià fù jìn hái yǒu gǔ qì zhuāng shì pǐn hé dòng wù de huà shí dàn zhè ge huà shí zài dāng shí bìng méi yǒu yǐn qǐ rén men de zhòng shì yī zhí dào nián rén men cái rèn shí dào tā shì shǔ yú rén lèi jìn huà tú zhōng de huà shí

最早的人类化石发现于1823年，那一年，英国海边的一个山洞里发现了一具人类骨架，附近还有骨器、装饰品和动物的化石。但这个化石在当时并没有引起人们的重视，一直到1912年人们才认识到他是属于人类进化途中的化石。

nán fāng gǔ yuán shì rén lèi ma
南方古猿是人类吗？

nánfāng gǔ yuán de yá chǐ tóu lú
南方古猿的牙齿、头颅、
kuān gǔ děng yǐ jīng hé yuán lèi yǒu le xiǎn
髋骨等已经和猿类有了显
zhù de chā bié hé rén lèi bǐ jiào jiē
著的差别，和人类比较接
jìn ér qiě nán fāng gǔ yuán hái huì shǐ
近。而且南方古猿还会使
yònggōng jù hé zhí lì xíng zǒu suǒ yǐ
用工具和直立行走，所以
tā men yǐ jīng shì zuì chū de rén lèi le
它们已经是最初的人类了。

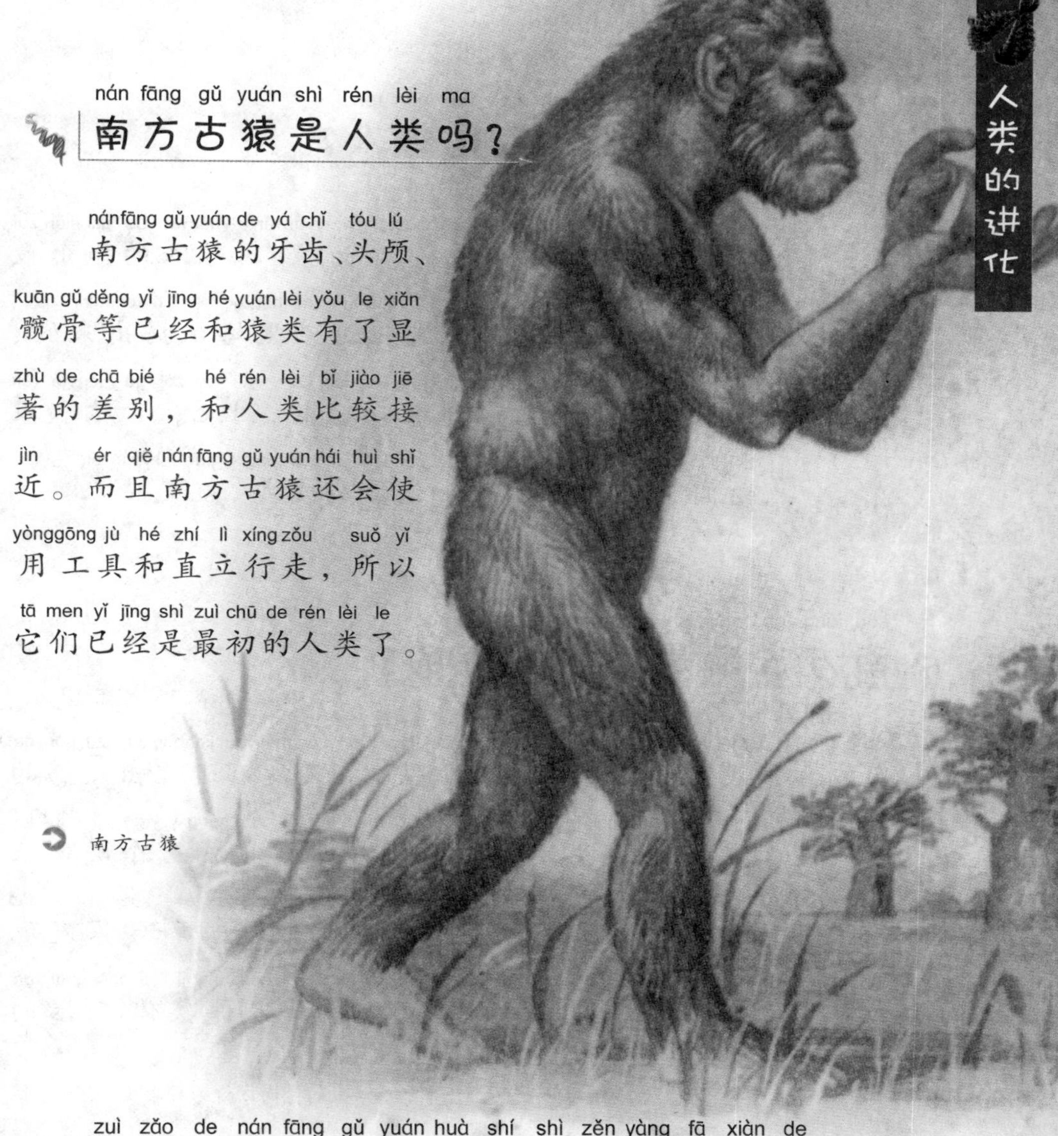

南方古猿

zuì zǎo de nán fāng gǔ yuán huà shí shì zěn yàng fā xiàn de
最早的南方古猿化石是怎样发现的？

nián ào dà lì yà rén dá tè qiánwǎngnán fēi yuē hàn nèi sī bǎo de yī suǒ dà xué
1924年，澳大利亚人达特前往南非约翰内斯堡的一所大学
rèn jiě pōu xué jiàoshòu zài nà lǐ tā zhǎodào le yī gè xiǎo hái de bù wánzhěng de tóu gǔ
任解剖学教授。在那里，他找到了一个小孩的不完整的头骨。
zhè gè tóu gǔ hé yuányǒu xiē xiāng sì dàn yǐ jīng yǒu le yī xiē rén de tè zhēng zhè jiù shì zuì
这个头骨和猿有些相似，但已经有了一些人的特征，这就是最
zǎo fā xiàn de nán fāng gǔ yuánhuà shí
早发现的南方古猿化石。

shén me shì yuán rén
什么是猿人？

zhí lì rén yě bèi chēng wéi yuán rén yuán rén de gài niàn zuì
直立人也被称为猿人。猿人的概念最
zǎo shì yóu dé guó de jìn huà lùn zhě hēi gé ěr tí chū lái de
早是由德国的进化论者黑格尔提出来的，
tā rèn wéi rén shì yóu gǔ yuán jìn huà ér lái de yīn cǐ zài gǔ yuán hé rén
他认为人是由古猿进化而来的，因此在古猿和人
zhī jiān yīng gāi cún zài zhe yī gè guò dù de lèi xíng jiù shì yuán rén
之间应该存在着一个过渡的类型，就是猿人。

猿人

nán fāng gǔ yuán shì zěn yàng shēng cún de
南方古猿是怎样生存的？

nán fāng gǔ yuán méi yǒu le yuán lèi de lì zhuǎ hé jiān yá yòu méi yǒu jìn huà chū zú gòu de
南方古猿没有了猿类的利爪和尖牙，又没有进化出足够的
zhì lì lái zhì zào gōng jù yào xiǎng shēng cún xià lái tā men bì xū zǔ chéng yī gè jí tǐ lái
智力来制造工具，要想生存下来，他们必须组成一个集体来
gòng tóng xún zhǎo shí wù gòng tóng fáng zhǐ qí tā měng qín yě shòu de gōng jī kē xué jiā fā xiàn
共同寻找食物，共同防止其他猛禽野兽的攻击。科学家发现
de yǒu shí duō gè rén zàng zài yī qǐ de gǔ mù dì yě tí gōng le zhè zhǒng jí tǐ shēng huó de
的有十多个人葬在一起的古墓地，也提供了这种集体生活的
zhèng jù
证据。

南方古猿狩猎场景

皮尔当人是怎么回事？

20世纪初发生在英国的“皮尔当人”头盖骨大骗局，一直被认为是世界科学史上最大的造假丑闻之一。当时造假者将现代人头盖骨和黑猩猩的下颌骨拼接在一起，并用铬盐把它染成具有50万年历史的“类猿人”化石模样，然后故意埋在英国皮尔当地区的沙砾层中，让考古学家“偶然发现”。“皮尔当人”一直被当成是一个生活在50万年前的人，直到1953年科学家才揭开了这个骗局。

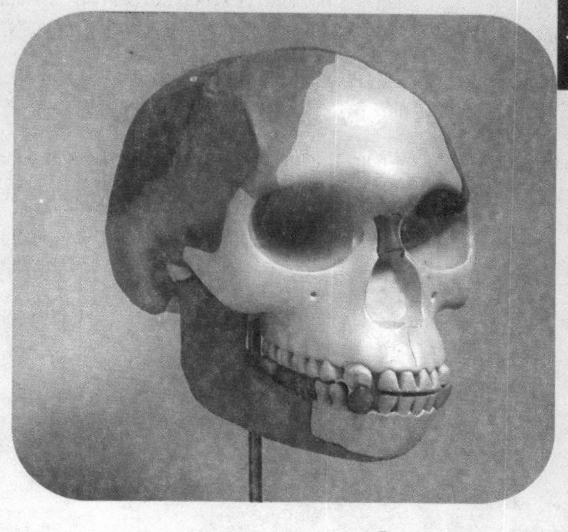

拼凑出来的“皮尔当人”头盖骨

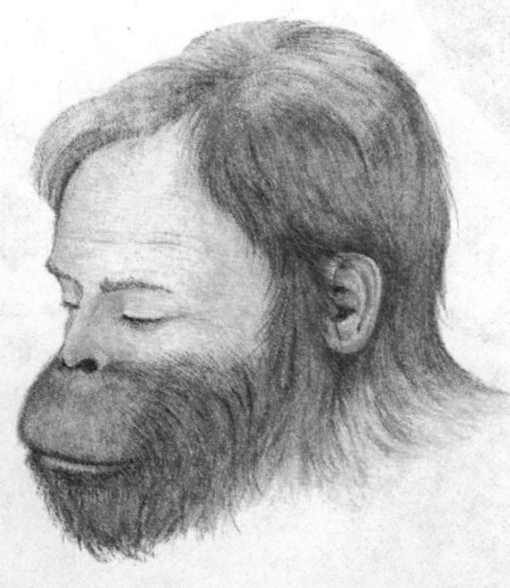

拼凑出来的皮尔当人显得突兀又不协调。

最早发现的直立人化石是什么？

1887年，荷兰医生杜布瓦以随军外科医师的身份去印度尼西亚考察。几年之后，他在爪哇岛发现了原始人的化石，包括一个头骨和一根腿骨。他将这些化石定名为“直立猿人”，这也是最早发现的直立人化石。

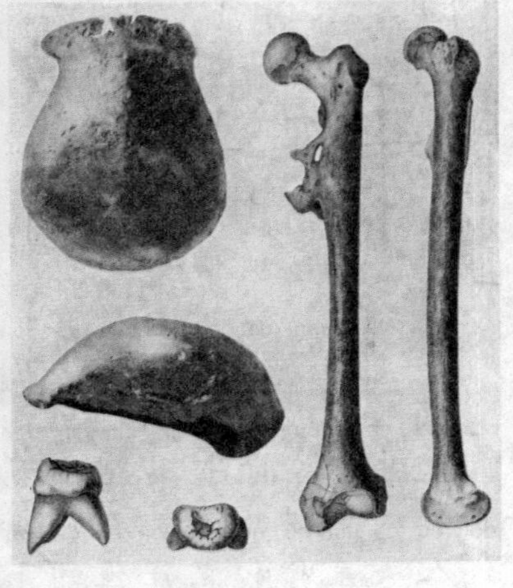

最早发现的直立人——爪哇人化石

你知道最著名的直立人化石吗？

北京猿人是最著名的直立人化石，世界上没有一个地方发现过比北京猿人更丰富的直立人材料。这么多的材料，让北京猿人化石一直被当作描述直立人的典型标本来使用。

北京猿人复原图

直立人生活情景

直立人是怎样生活的？

直立人已经能够完全直立行走，也能制造各种各样的石器。由于不同环境下的直立人生产方式不同，也就形成了形形色色的石器文化。另外，科学家推测直立人已经能够利用火来烧烤食物和躲避严寒。

什么是智人？

生活在25万~1万年之前的人类在解剖意义上已经和现代人没有什么区别了，所以统称为智人。原始的智人又被称为化石智人，无论是在体质上还是在文化上，化石智人都比直立人进步。

晚期智人已经能完全直立行走，并开始有了创造性思维和意识。

ní ān dé tè rén shì rén lèi ma
尼安德特人是人类吗？

huà shí zhì rén fēn wéi zǎo qī zhì rén hé wǎn
化石智人分为早期智人和晚
qī zhì rén liǎng gè jiē duàn zuì zǎo fā xiàn de zǎo
期智人两个阶段，最早发现的早
qī zhì rén jiù shì nián zài dé guó ní ān dé
期智人就是1856年在德国尼安德
tè shān gǔ fā xiàn de ní ān dé tè rén ní ān
特山谷发现的尼安德特人。尼安
dé tè rén de tǐ zhì jiè yú zhí lì rén hé xiàn dài
德特人的体质介于直立人和现代
rén zhī jiān yǒu hěn dà de nǎo róng liàng yīn cǐ
人之间，有很大的脑容量，因此
yǒu rén rèn wéi tā shì xiàn dài rén de zǔ xiān
有人认为他是现代人的祖先。

尼安德特人

kè luó mǎ nóng rén shì xiàn dài rén ma
克罗马农人是现代人吗？

wǎn qī zhì rén zài ōu zhōu chū xiàn zài dà yuē jù
晚期智人在欧洲出现在大约距
jīn wàn nián qián fǎ guó de kè luó mǎ nóng rén
今3.5万年前，法国的克罗马农人
shì ōu zhōu wǎn qī zhì rén huà shí de dài biǎo
是欧洲晚期智人化石的代表。
tā men de shēn tǐ gòu zào yǐ jīng jī běn shang
他们的身体构造已经基本上
yǔ xiàn dài rén yī yàng yīn cǐ yòu bèi chēng
与现代人一样，因此又被称
wéi jiě pōu xué shang de xiàn dài rén
为解剖学上的现代人。

克罗马农人

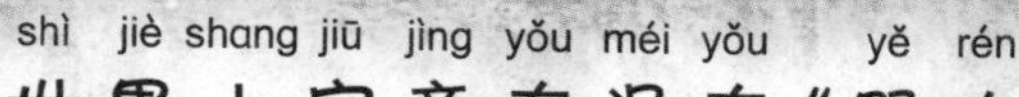

世界上究竟有没有“野人”？

世界上关于“野人”的传说很多，然而究竟有没有“野人”，科学界并没有定论。但即使是认为有野人的人，也大都认为它们不属于人类，而是某种大型人猿的后代。

湖北神农架一直流传着野人的传说，被认为是野人的故乡。

千年古尸能复活吗？

要复活千年古尸，至少要得到30亿个单位的DNA片段，还要让它们具备遗传功能，这几乎是不可能的事。但人们并没有放弃，目前，科学家已经可以把从千年古尸身上提取出DNA片段增长到3000单位，为古尸的复活奠定了基础。

奥茨冰人是迄今为止世界上年代最久远的一具干尸，它逝于大约5300年以前。

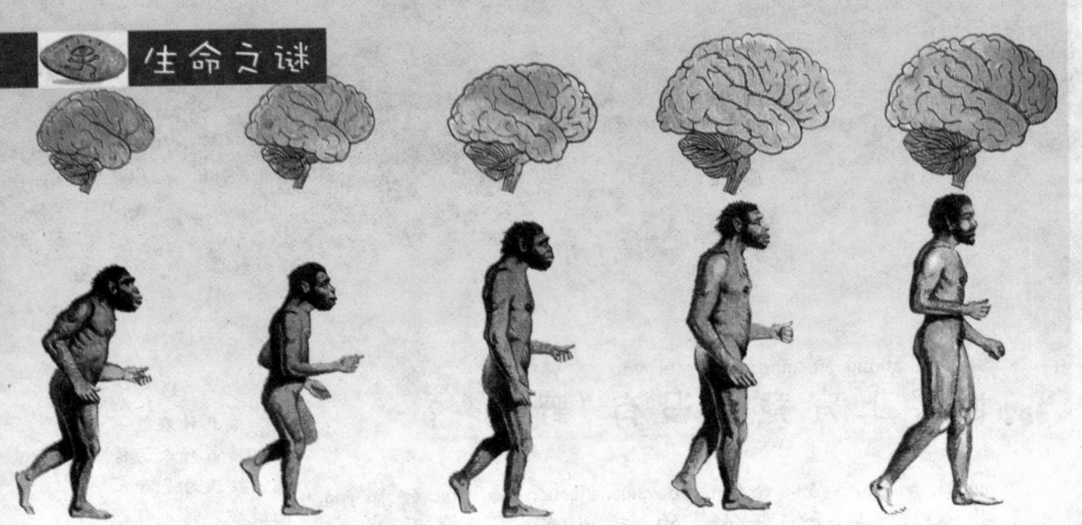

从人类的进化史上，科学家发现人的脑容量越来越大、越来越聪明。

古人的脑容量比现代人大吗？

在人类的进化过程中，脑容量是由小变大的。现代人的平均脑容量为1400立方厘米左右，是类人猿的3.5倍左右。然而有的古人脑容量却超过了现代人，例如尼安德特人，有的脑容量已达到1700立方厘米。

远古有没有食人风俗？

关于远古人类会吃人的风俗，很多书籍里都有记载。学术界也存在着不同的观点，有人认为那时就有互相敌对的人群，也有人认为早期人类的生活是和平的。现在，围绕远古时代的食人之风依然存在着各种理论，有待于进一步的研究。

性别是由什么决定的？

我们的生殖细胞中有一对性染色体，男性表现为XY，女性为XX。人的性别就取决于父亲提供的精细胞中，携带的是X染色体还是Y染色体，如果是X就是女性，Y就是男性。

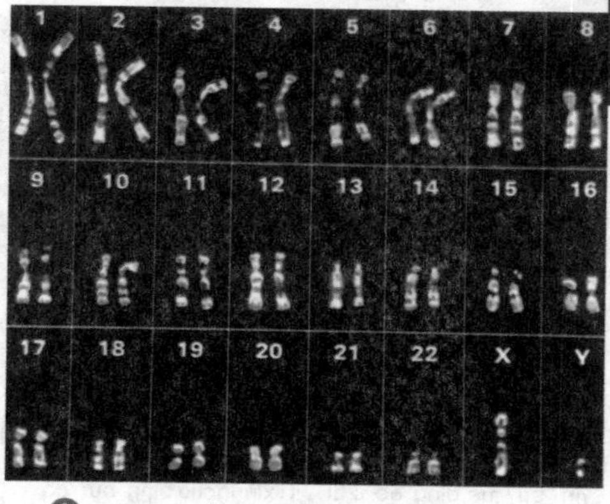

人体内有23对染色体，第23对性染色体决定了人的性别。

双胞胎的DNA是一样的吗？

双胞胎分为同卵双胞胎和异卵双胞胎两种情况。同卵双胞胎是同一个受精卵分裂成两个细胞，它们的DNA是一样的；而异卵双胞胎是由两个卵子分别受精发育而来的，DNA并不一样。

双胞胎姐妹

rén de zhì lì néng yí chuán ma

人的智力能遗传吗？

yí chuán duì zhì lì de yǐngxiǎng shì shí fēn míngxiǎn de lì shǐ shang chū xiàn guò hěn duō gāo
遗传对智力的影响是十分明显的，历史上出现过很多高
zhì néng jié gòu de jiā zú rú yīn lè jiā bā hè jiā zú wǒ guó kē xué jiā zǔ chōng zhī jiā zú
智能结构的家族，如音乐家巴赫家族、我国科学家祖冲之家族
děng tōngcháng fù mǔ zhì lì gāo de zǐ nǚ wǎngwǎng yě jiào gāo fù mǔ zhì lì yǒu quē xiàn
等。通常父母智力高的，子女往往也较高；父母智力有缺陷，
zǐ nǚ jiù hěn yǒu kě néng zhì lì fā yù bù quán zhì lì jì shòu yí chuán yīn sù de kòng zhì
子女就很有可能智力发育不全。智力既受遗传因素的控制，
yě shòudào hòu tiānhuánjìng hé jiào yù de zuòyòng duì yú jué dà duō shù rén lái shuō yí chuán
也受到后天环境和教育的作用。对于绝大多数人来说，遗传
yīn sù jué dìng de zhì lì xiāngchà bìng bù dà jī jí chuàngzào hòu tiān de
因素决定的智力相差并不大，积极创造后天的
liánghǎohuánjìng bìngtōngguò zì jǐ de qín fèn nǔ lì
良好环境，并通过自己的勤奋努力，
cái néng shǐ rén de zhì lì dé dàochōng fèn fā huī
才能使人的智力得到充分发挥。

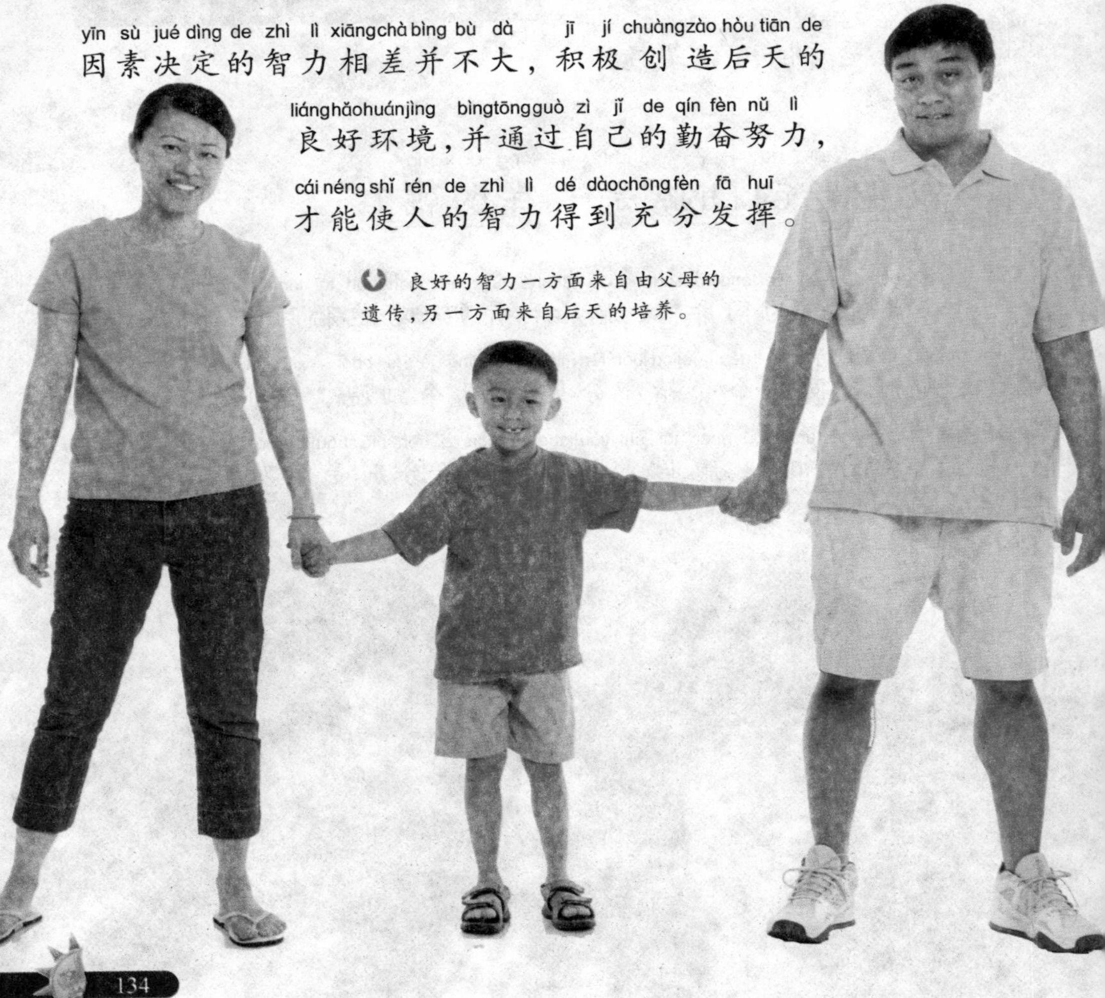

良好的智力一方面来自由父母的遗传，另一方面来自后天的培养。

féi pàng yǔ yí chuán yǒu guān ma

肥胖与遗传有关吗？

tǐ zhòng zài yī dìngchéng dù shangshòudào yí chuán yīn sù
体重在一定程度上受到遗传因素
de yǐngxiǎng fù mǔ yī fāng féi pàng zǐ nǚ duō bàn dōu huì
的影响。父母一方肥胖，子女多半都会
féi pàng rú guǒshuāng qīn dōu féi pàng nà zǐ nǚ jiù yǒu
肥胖，如果双亲都肥胖，那子女就有2/3
shì féi pàng de ér shuāng qīn dōushòuhuòzhèngcháng de rén zǐ
是肥胖的，而双亲都瘦或正常的人，子
nǚ féi pàng de zhǐ zhàn féi pàng bù jǐn yǔ yí chuán yīn
女肥胖的只占10%。肥胖不仅与遗传因
sù yǒuguān ér qiě hái yǔ yùndòng yǐn shí nián língděng mì
素有关，而且还与运动、饮食、年龄等密
qiè xiāngguān
切相关。

肥胖

téngtòng jiū jìng shì zěn me yī huí shì

疼痛究竟是怎么一回事？

rén tǐ de mǒu gè bù wèishòushānghòu huì lì kè shì fàng
人体的某个部位受伤后，会立刻释放
chū yī xiē huà xué wù zhì zhè xiē wù zhì cì jī shénjīng mò shāo shǐ téngtòng
出一些化学物质，这些物质刺激神经末梢，使疼痛
de xìn hàocóngshòushāng bù wèichuándào dà nǎo jiù néng yǐn qǐ tònggǎn
的信号从受伤部位传到大脑，就能引起痛感。
xiàn zài yī shēngyòng yì zhì zhè xiē wù zhì chǎnshēng de yào wù lái
现在，医生用抑制这些物质产生的药物来
zhì liáo téngtòng qǔ dé le hěn hǎo de chéngxiào
治疗疼痛，取得了很好的成效。

受伤时会有疼痛感。

遗传病通过基因遗传给下一代。

jí bìng wèi shén me huì yí chuán
疾病为什么会遗传？

rén tǐ nèi dà yuē yǒu wàn zǔ chéng duì de jī yīn
人体内大约有10万组成对的基因，
zhè xiē jī yīn shì cóng fù mǔ nà lǐ yí chuán xià lái de
这些基因是从父母那里遗传下来的。
rú guǒ zhè xiē jī yīn lǐ yǒu zhì bìng de yīn sù wǒ men jiù
如果这些基因里有致病的因素，我们就
yǒu kě néng huì yí chuán dào jí bìng yǒu xiē jí bìng shèn zhì
有可能会遗传到疾病。有些疾病甚至
kě yǐ yī dài yī dài de yí chuán zhè jiào yí chuán bìng
可以一代一代的遗传，这叫遗传病。

nǎ xiē jí bìng huì yí chuán
哪些疾病会遗传？

yí chuán bìng kě yǐ fēn wéi dān jī yīn yí chuán bìng duō jī yīn yí chuán bìng hé rǎn sè tǐ
遗传病可以分为单基因遗传病、多基因遗传病和染色体
bìng sān dà lèi dān jī yīn yí chuán bìng de zhǒng lèi zuì duō cháng jiàn de yǒu sè máng bái huà
病三大类。单基因遗传病的种类最多，常见的有色盲、白化
bìng děng duō jī yīn yí chuán bìng yī bān yǒu jiā zú xìng qīng xiàng cháng jiàn de yǒu xiān tiān xìng xīn
病等；多基因遗传病一般有家族性倾向，常见的有先天性心
zàng bìng jīng shén fēn liè děng rǎn sè tǐ bìng zé tōng cháng biǎo xiàn wéi zhì lì dī xià hé jī xíng děng
脏病、精神分裂等；染色体病则通常表现为智力低下和畸形等。

色盲指无法正确感知部分或全部颜色间区别的缺陷。

jì yì kě yǐ yí zhí ma
记忆可以移植吗？

jìn rù dà nǎo de xìn xī chǔ cún zài yī
进入大脑的信息储存在一
zhǒng huà xué wù zhì lǐ zhuǎn yí zhè zhǒng wù
种化学物质里，转移这种物
zhì jì yì jiù néng suí zhī zhuǎn yí kē xué
质，记忆就能随之转移。科学
jiā zài xiǎo dòng wù shēn shang yí zhí jì yì yǐ jīng huò
家在小动物身上移植记忆，已经获
dé le chéng gōng dāng rán rén de jì yì yí zhí yào bǐ dòng wù fù
得了成功。当然，人的记忆移植要比动物复
zá de duō yě xǔ yǒng yuǎn bù huì chéng gōng dàn yě yǒu kē xué jiā xiāng
杂得多，也许永远不会成功，但也有科学家相
xìn jiāng lái shì néng gòu zuò dào de
信，将来是能够做到的。

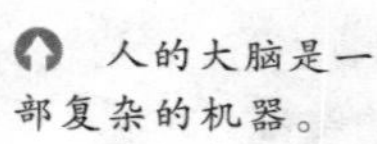
人的大脑是一部复杂的机器。

rén tǐ huì fā guāng ma
人体会发光吗？

rén lèi shēn tǐ de gè gè bù wèi dōu huì fā
人类身体的各个部位都会发
guāng zhè xiē ròu yǎn kàn bu jiàn de guāng tā de qiáng
光，这些肉眼看不见的光，它的强
ruò sè cǎi hé rén tǐ de jiàn kāng qíng xù dōu yǒu
弱、色彩和人体的健康、情绪都有
guān xì bǐ rú rén zài xīn píng qì hé shí fā de
关系。比如人在心平气和时，发的
guāng shì qiǎn lán sè de yī dàn fā nù guāng jiù huì
光是浅蓝色的，一旦发怒，光就会
biàn chéng hóng chéng sè
变成红橙色。

发怒

néngyòng rén tǐ fā guāng kàn bìng ma

能用人体发光看病吗？

tōngcháng jiànkāng de rénshēn tǐ liǎng cè fā chū de guāngdiǎn shì duìchèn
通常健康的人身体两侧发出的光点是对称
de ér huànbìng de rén liǎng cè de guāngdiǎn zé
的，而患病的人两侧的光点则
bù duìchèn yīn cǐ yī shēng kě yǐ tōngguò
不对称。因此，医生可以通过
jiǎn cè rén tǐ fā chū de guāngdiǎn lái zhěnduàn
检测人体发出的光点来诊断
yǒu méi yǒushēngbìng yǐ jí shēng de shì shén
有没有生病，以及生的是什
me bìng
么病。

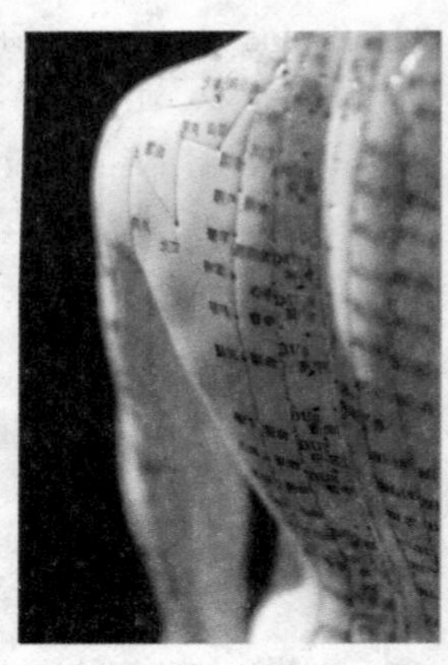

科学家发现，人体发光之处，正好是中国古代针灸图上标出的针灸穴位。

shì guǎn yīng ér shì zěn yàng péi yù chū lái de

试管婴儿是怎样培育出来的？

shìguǎnyīng ér bìng bù shì zài shìguǎnzhōngzhǎng dà de shí jì shang tā zài shìguǎnzhōng
试管婴儿并不是在试管中长大的，实际上，它在试管中
de shí jiān zhǐ yǒu liǎng sān tiān cóng fù mǔ tǐ nèi fēn bié qǔ chū lái de jīng zǐ yǔ
的时间只有两三天。从父母体内分别取出来的精子与
luǎn zǐ zài shìguǎnzhōng jié hé shòujīng děngdào fā
卵子在试管中结合受精，等到发
yù chéng pēi tāi hòu jiù yào yí zhí huí mǔ qīn
育成胚胎后，就要移植回母亲
de zǐ gōng nèi mànmànzhǎng dà
的子宫内慢慢长大。

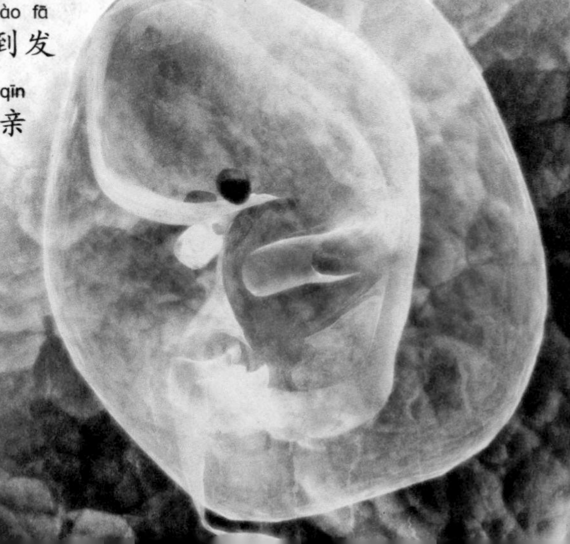

胚胎

kě yǐ rén gōng zhì zào xuè yè ma
可以人工制造血液吗？

xiàn zài kē xué jiā yǐ jīng yán jiū chū le rén zào xuè yè tā kě yǐ
现在科学家已经研究出了人造血液，它可以
dà liàng shēng chǎn hé cháng qī bǎo cún shǐ yòng shí yě bù bì dān xīn bìng dú
大量生产和长期保存，使用时也不必担心病毒
hé xuè xíng néng zài jǐn jí shí kè wǎn jiù shī xuè huàn zhě de shēng mìng dàn
和血型，能在紧急时刻挽救失血患者的生命。但
rén zào xuè yè zhǐ néng tì dài rén tǐ xuè yè de bù fen gōng néng suǒ yǐ mù
人造血液只能替代人体血液的部分功能，所以目
qián rén lèi yòng xuè réng rán yào kào xiàn xuè lái jiě jué
前人类用血仍然要靠献血来解决。

人造血液

yǒu rén gōng dà nǎo ma
有人工大脑吗？

dà nǎo de zuò yòng zhì guān zhòng yào xiǎng yào zhì zào rén gōng dà nǎo
大脑的作用至关重要，想要制造人工大脑，
shì yí gè fēi cháng jiān jù de rèn wù bù guò xiàn zài kē xué jiā yǐ jīng
是一个非常艰巨的任务。不过，现在科学家已经
kě yǐ yòng diàn lù lái mó nǐ dà nǎo de tū chù tū chù shì xíng chéng gǎn jué
可以用电路来模拟大脑的突触，突触是形成感觉
hé sī wéi de guān jiàn bù wèi rén nǎo zhōng de
和思维的关键部位，人脑中的1000
yì gè shén jīng yuán měi gè dōu zhì shǎo yǔ wàn
亿个神经元每个都至少与1万
gè tū chù xiāng lián dà nǎo tū chù de
个突触相连。大脑突触的
mó nǐ wèi gòu jiàn rén zào dà nǎo diàn
模拟为构建人造大脑奠
dìng le jī chǔ
定了基础。

活跃的人脑神经元细胞

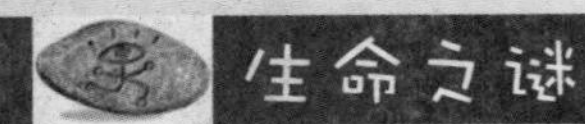

tīng shēng yīn kě yǐ zhěn duàn shí guǎn ái ma
听声音可以诊断食管癌吗？

wǒ men de hóu lóng hé wèi zhī jiān yǒu yī duàn xiāo huà dào jiào shí guǎn rén zài hē shuǐ shí
我们的喉咙和胃之间有一段消化道，叫食管。人在喝水时

fā chū de qīng wēi gū lu shēng jiù shì shuǐ zài shí guǎn lǐ liú dòng de shēng yīn yī shēng yòng
发出的轻微咕噜声，就是水在食管里流动的声音。医生用

zhuān mén de chuán gǎn qì jì lù xià shuǐ liú jīng guò
专门的传感器记录下水流经过

shí guǎn shí de shēng yīn jiù néng zhěn duàn chū
食管时的声音，就能诊断出

zǎo qī de shí guǎn ái
早期的食管癌。

大口喝水会发出咕噜声。

tīng zhěn qì shì zěn yàng gōng zuò de
听诊器是怎样工作的？

tīng zhěn qì shì yī shēng zuì cháng yòng de zhěn duàn gōng jù yóu ěr jiàn chuán dǎo jiāo guǎn hé
听诊器是医生最常用的诊断工具，由耳件、传导胶管和

xiōng jiàn sān gè bù fen zǔ chéng xiōng jiàn tōng cháng shì yī gè jīn shǔ xiǎo yuán hé
胸件三个部分组成。胸件通常是一个金属小圆盒，

tīng zhěn de shí hou bǎ tā tiē zài bìng rén de xiōng bù jiù kě yǐ hěn líng mǐn
听诊的时候把它贴在病人的胸部，就可以很灵敏

de bǎ bìng rén de xīn yīn chuán sòng gěi zhōng
地把病人的心音传送给中

jiān de jiāo pí guǎn zuì hòu yóu ěr jiàn
间的胶皮管，最后由耳件

bǎ xīn yīn sòng dào yī shēng de ěr
把心音送到医生的耳

duo lǐ
朵里。

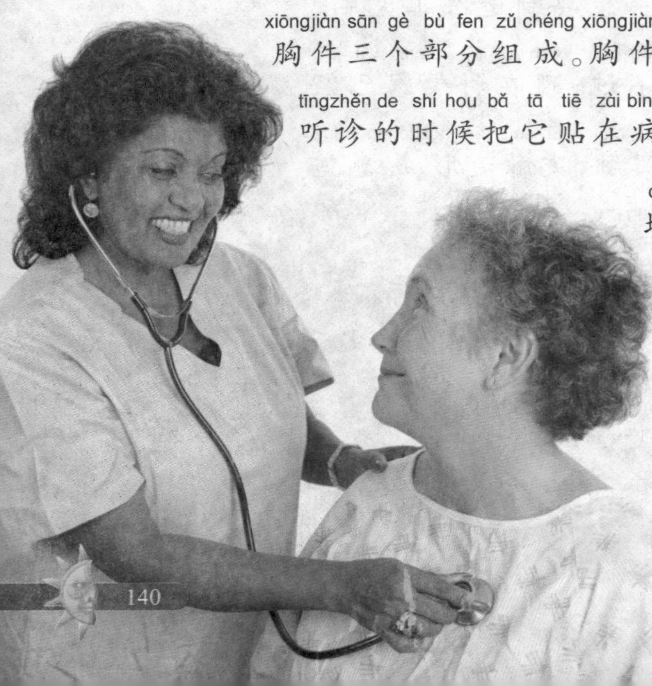
医生在用听诊器为病人诊断。

rén lèi néngzhēng fú ài zī bìng ma
人类能征服艾滋病吗？

ài zī bìng shì hòu tiānmiǎn yì quē fá zhèng de jiǎnchēng shì yī
艾滋病是“后天免疫缺乏症”的简称，是一
zhǒng kě pà de chuán rǎn bìng cóng shì jì nián dài qǐ tā tōng guò
种可怕的传染病。从20世纪80年代起，它通过
xìng xíng wéi xuè yè bǔ rǔ děng gè zhǒng tú jìng màn yán kāi lái duì rén
性行为、血液、哺乳等各种途径蔓延开来，对人
lèi zàochéng le jí wéi cǎn liè de wēi hài mù qián xué zhě men suī rán duì
类造成了极为惨烈的危害。目前，学者们虽然对
ài zī bìng de yán jiū zài mǒu xiē lǐng yù zhōng qǔ dé le yī xiē jìn zhǎn dàn
艾滋病的研究在某些领域中取得了一些进展，但
zài rú hé yù fáng hé kòng zhì nǎi zhì zhì yù ài zī bìngfāngmiàn yī rán shì
在如何预防和控制，乃至治愈艾滋病方面依然是
yī gè gè hái méi yǒu jiē kāi de mí bù yán ér yù yào wánquánzhēng
一个个还没有揭开的谜。不言而喻，要完全征
fú ài zī bìng rén lèi hái yǒu hěncháng de lù yào zǒu dàn suí zhe kē xué
服艾滋病，人类还有很长的路要走，但随着科学
de bù duàn jìn bù xiāng xìn zhè yī tiān yī dìng huì lái lín de
的不断进步，相信这一天一定会来临的。

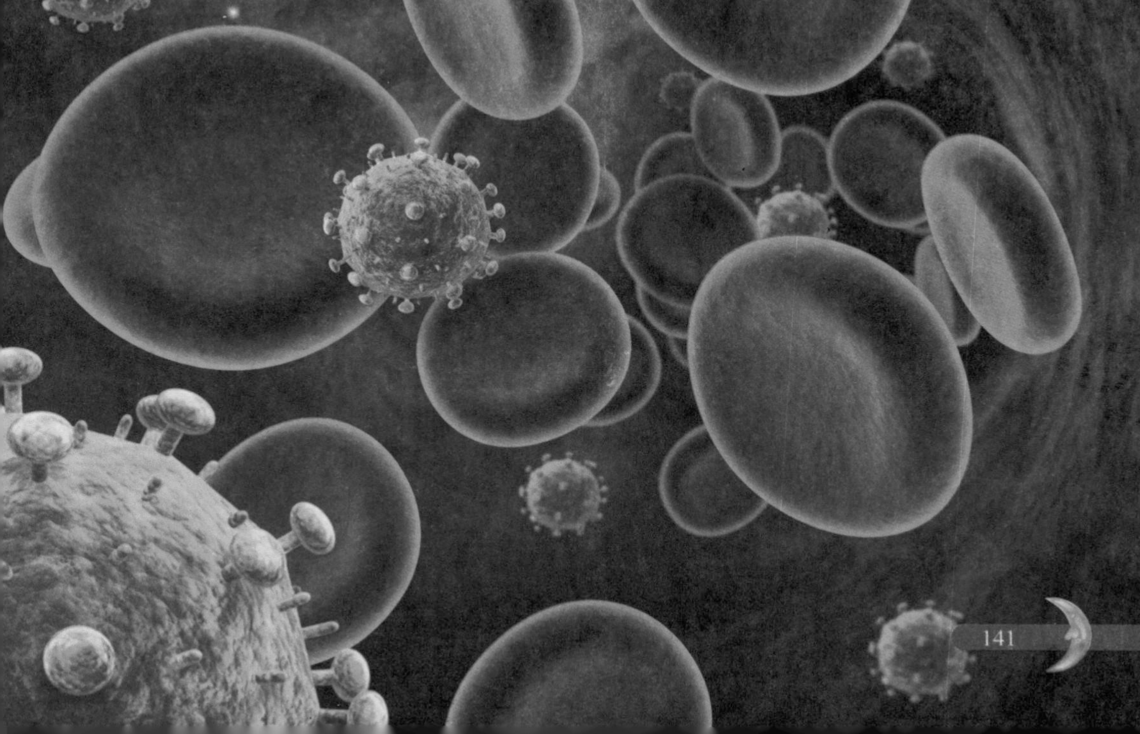
血液中的艾滋病病毒

什么是转基因食品？

转基因生物是把某些生物的基因转移到其他生物中去，改造遗传物质得到的新生物，以转基因生物为原料加工出的食品就是转基因食品。例如科学家把北极鱼体内有防冻作用的基因植入西红柿内，就制造出了新品种的耐寒西红柿。

经过基因改良的玉米在产量上有很大的提高。

转基因食品对人体有利还是有弊？

在农产品贫瘠的地区，转基因食品可以提高作物的产量，帮助人们解决饥饿问题。但重新组合后的DNA对生态环境和人类健康可能具有复杂长远的影响，虽然我们对这种影响认识得还不够透彻，但已经有越来越多的人对这种潜在的危害感到焦虑。

转基因食品的安全问题越来越引起人们的关注。

chángshòu néng yí chuán ma
长寿能遗传吗？

chángshòu dí què shì kě yǐ yí chuán de yī bān lái shuō
长寿的确是可以遗传的，一般来说
fù mǔ shòumìng gāo de zǐ nǚ shòumìng yě huì cháng chángshòu
父母寿命高的，子女寿命也会长。长寿
kě yǐ duō dài lián xù yí chuán yě kě yǐ gé dài yí chuán dāng
可以多代连续遗传，也可以隔代遗传。当
rán hòu tiān de yǐn shí yùndòng hé huánjìng yě huì yǐngxiǎngdào
然，后天的饮食、运动和环境也会影响到
shòumìng de chángduǎn
寿命的长短。

健身是延年益寿的最佳良方。

shuāi lǎo shì cóng shén me shí hou kāi shǐ de
衰老是从什么时候开始的？

rén tǐ gè qì guān kāi shǐ lǎo huà de shí jiān
人体各器官开始老化的时间
hé sù dù shì bù tóng de mù qián hái méi yǒu
和速度是不同的，目前还没有
yī gè tè dìng de zhǐ biāo lái héngliàng rén shì
一个特定的指标来衡量人是
cóng shén me shí hou shuāi lǎo de yī bān lái
从什么时候衰老的。一般来
shuō rén tǐ cóng suì kāi shǐ jiù mànmàn
说，人体从40岁开始就慢慢
chū xiàn shuāi lǎo xiànxiàng suì yǐ hòu jiù
出现衰老现象，60岁以后就
jìn rù le lǎo nián qī
进入了老年期。

步入老年

最常见的四种血型：A 型血、B 型血、AB 型血和 O 型血。

xuè xíng yǔ shòumìng yǒu guān xì ma
血型与寿命有关系吗？

kē xué jiā jīng guò yán jiū fā xiàn shòumìng yǔ rén de xuèxíng zhī jiān
科学家经过研究发现，寿命与人的血型之间
yǒu yī dìng de guān xì yī bān lái shuō xíng xuè de rén suī rán píngcháng
有一定的关系。一般来说，O型血的人虽然平常
bǐ jiào róng yì shēngbìng dàn píng jūn shòumìng míngxiǎn bǐ jiào cháng zhì yú
比较容易生病，但平均寿命明显比较长。至于
zhè qí zhōng de ào mì hái yǒu dài yú jìn yī bù de yán jiū
这其中的奥秘，还有待于进一步的研究。

rén lèi hái zài jìn huà ma
人类还在进化吗？

kē xué jiā fā xiàn jìn wànnián lái rén lèi de tǐ zhì tè zhēngréng rán zài jìn huà rén lèi
科学家发现，近万年来人类的体质特征仍然在进化，人类
de lú róngliàng shēngāo tóu gǔ xíng tài tè zhēng dǐ kàng jí bìng de néng lì rénzhǒngjiān de
的颅容量、身高、头骨形态特征、抵抗疾病的能力、人种间的
chā yì chéng dù děnghěn duō fāngmiàndōu fā shēng le wēiguān de yǎn huà suǒ yǐ kě yǐ kěn dìng
差异程度等很多方面都发生了微观的演化。所以，可以肯定
de shì rén lèi dí què hái zài huǎnmàn de jìn huà zhe
的是人类的确还在缓慢地进化着。

未来人类究竟会进化成什么样子，我们还无法预计。

xiàn zài de yuán hái néng jìn huà
wéi rén lèi ma
现在的猿还能进化为人类吗？

jǐ bǎi wàn nián qián shēng huó zài sēn lín zhōng de yī xiē gǔ yuán yóu yú qì hòu hé zì rán huán jìng de biàn huà bèi pò cóng sēn lín xià dào dì miàn shēng huó zhú jiàn yòng hòu zhī zhí lì xíng zǒu jīng guò màn cháng suì yuè de yǎn huà biàn chéng le rén lèi ér gǔ yuán zhōng de lìng yī zhī suī rán yě zài jìn huà dàn yóu yú jì xù zài sēn lín shēng huó tā men de shǒu zú wèi néng zhēn zhèng fēn gōng yě méi yǒu xíng chéng yǒu yì shí de rén nǎo fēn huà yǎn biàn chéng le jīn tiān de yuán yóu yú lì shǐ děng yīn sù xiàn zài de yuán yǐ jīng xiàng yī dìng fāng xiàng zhuān mén huà fā zhǎn biàn de lí rén lèi zǒu guò de dào lù yuè lái yuè yuǎn suǒ yǐ shuō xiàn zài de yuán shì bù kě néng jìn huà biàn chéng rén le

几百万年前，生活在森林中的一些古猿，由于气候和自然环境的变化，被迫从森林下到地面生活，逐渐用后肢直立行走，经过漫长岁月的演化，变成了人类。而古猿中的另一支，虽然也在进化，但由于继续在森林生活，它们的手足未能真正分工，也没有形成有意识的人脑，分化演变成了今天的猿。由于历史等因素，现在的猿已经向一定方向专门化发展，变得离人类走过的道路越来越远。所以说，现在的猿是不可能进化变成人了。

现代的猿经过长期进化，身体结构已发生了改变，不可能再演变为人类了。

现代猿类和人类有着共同的祖先，许多行为和表情都与人十分相似。

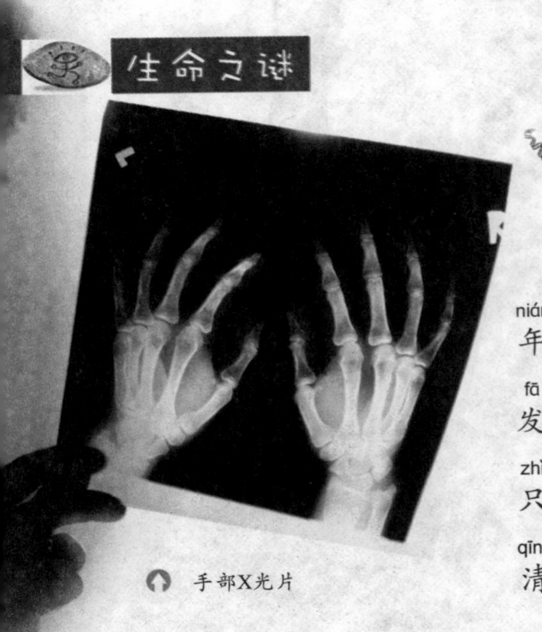

手部X光片

rén tǐ nèi yǒu nián lún ma
人体内有“年轮”吗？

xǔ duōshēng wù dōu yǒu nián lún rén tǐ yě yǒu
许多生物都有年轮，人体也有
nián lún rénshǒu bù de kuài gǔ tóu zài rén tǐ
年轮。人手部的28块骨头在人体
fā yù guòchéngzhōng àn yī dìng de guī lǜ biànhuà zhe
发育过程中按一定的规律变化着，
zhǐ yào pāi yī zhāngshǒu bù de guāngpiàn jiù néng
只要拍一张手部的X光片，就能
qīng xī de fǎn yìngchū rén de niánlíng hé fā yù qíngkuàng
清晰地反映出人的年龄和发育情况。

wèi lái rén lèi néng huó duō shǎo suì
未来人类能活多少岁？

kē xué jiā cháng shì yòng jī yīn gǎi zào de fāng fǎ lái yánchángshòumìng rú guǒchénggōng
科学家尝试用基因改造的方法来延长寿命，如果成功
de huà rén jiù kě yǐ huó dào duō suì dāngrán yǐngxiǎngshòumìng de yīn sù hěn duō
的话，人就可以活到400多岁！当然，影响寿命的因素很多，
wèi lái zhè xiē yīn sù jiū jìng huì yǒushén me yàng de biànhuà yě hěn nánzhǔnquè yù cè
未来这些因素究竟会有什么样的变化，也很难准确预测。

未来的科学技术水平高度发达，在医学方面，许多疑难病症一一被克服，人类的寿命将普遍提高。

50万年后的人将是什么模样？

有人认为人类已经进化到了最高地位，接下来就要走下坡路了。还有一些科学家认为人类的大脑会越来越发达。不过更多的科学家还是赞成一种更正统的进化理论，认为今后50万年中，人的身体结构和现在并不会有太大的差别。

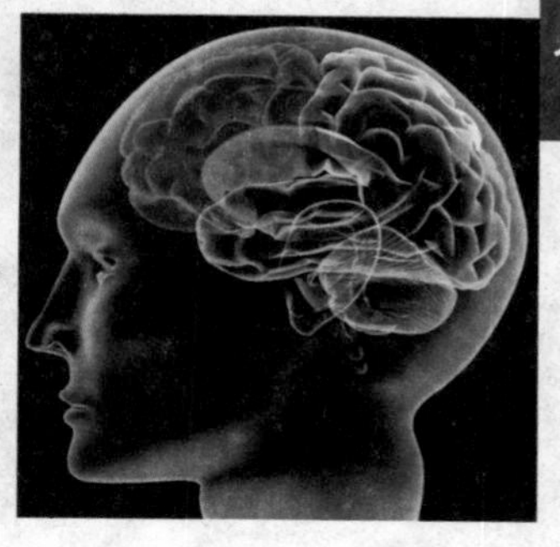

科学家发现人类大脑一直在快速地进化着，这种进化与人类的文明有密切的联系。

人能通过科学方法复制自己吗？

克隆技术是指利用遗传知识来复制出新的生物个体。早在20世纪50年代，科学家就已经开始克隆动物了。理论上讲，人也可以复制“克隆人”，但这样会给人类社会的伦理和道德体系带来极大的冲击，所以目前世界是禁止将克隆技术用于人类的。

“克隆人”是通过无性繁殖的方式，利用细胞的全能性来创造出生命个体的人。

生态家园

地球是人类赖以生存的地方，也是所有生物共同的家园。地球上各种各样的生命和谐共生，才组成了这个生机勃勃的大家庭。每一种生命，都是这个家园不可缺少的一份子。所以，保护好地球上的生物，共建绿色家园，是我们所有人都应该做的事。

shén me shì shēng wù quān
什么是生物圈？

dì qiú shang fán shì yǒu shēng mìng cún zài de dì fang dōu shǔ yú shēng wù quān
地球上凡是有生命存在的地方，都属于生物圈。

shēng wù quān shì yī gè yǒu xù de zhěng tǐ bù jǐn bāo kuò qí zhōng de shēng mìng hái bāo kuò shēng mìng lài yǐ shēng cún de shuǐ tǔ rǎng yáng guāng děng fēi shēng wù chéng fèn tā shì dì qiú shang zuì dà de shēng tài xì tǒng yě shì rén lèi dàn shēng hé shēng cún de kōng jiān
生物圈是一个有序的整体，不仅包括其中的生命，还包括生命赖以生存的水、土壤、阳光等非生物成分。它是地球上最大的生态系统，也是人类诞生和生存的空间。

shēng wù quān bāo kuò dà qì quān de xià céng yán shí quān de shàng céng yǐ jí zhěng gè tǔ rǎng quān hé shuǐ quān dàn shì dà bù fen shēng wù dōu jí zhōng zài dì biǎo yǐ shang mǐ dào shuǐ xià mǐ de dì fang zhè lǐ shì dà qì quān shuǐ quān yán shí quān hé tǔ rǎng quān de jiāo jiè chù yě shì shēng wù quān de hé xīn
生物圈包括大气圈的下层、岩石圈的上层以及整个土壤圈和水圈。但是，大部分生物都集中在地表以上100米到水下100米的地方，这里是大气圈、水圈、岩石圈和土壤圈的交界处，也是生物圈的核心。

生物圈是所有生态系统的总和。

shí wù liàn shì zěn me huí shì
食物链是怎么回事？

zì rán jiè de gè zhǒng shēng wù dōu tōng guò yī xì
自然界的各种生物，都通过一系
liè chī yǔ bèi chī de guān xì jǐn mì xiāng lián de zhè zhǒng
列吃与被吃的关系紧密相连的，这种
shēng wù zhī jiān yóu yú shí wù yíng yǎng guān xì ér xíng chéng
生物之间由于食物营养关系而形成
de lián xì bèi chēng wéi shí wù liàn shí wù liàn duì huán jìng
的联系被称为食物链。食物链对环境
yǒu fēi cháng zhòng yào de yǐng xiǎng zhǐ yào yǒu yī
有非常重要的影响，只要有一
huán quē shī jiù huì dǎo zhì shēng tài xì tǒng
环缺失，就会导致生态系统
shī héng
失衡。

自然界中有形形色色的食物链和食物网。

dòng wù zuì zhōng dōu huì chéng wéi zhí wù de shí wù ma
动物最终都会成为植物的“食物”吗？

wǒ men zhī dào zhí wù néng zhí jiē huò jiàn jiē de chéng wéi dòng wù de
我们知道，植物能直接或间接地成为动物的
shí wù dàn dòng wù zuì zhōng yě dōu huì chéng wéi zhí wù de shí wù
食物。但动物最终也都会成为植物的“食物”，
zhè shì zěn me huí shì ne yuán lái dòng wù sǐ hòu shī tǐ jiù huì biàn
这是怎么回事呢？原来，动物死后，尸体就会变
chéng zhí wù de yíng yǎng wù bèi zhí wù xī shōu lì yòng zuì zhōng chéng wéi
成植物的营养物，被植物吸收利用，最终成为
zhí wù de shí wù
植物的“食物”。

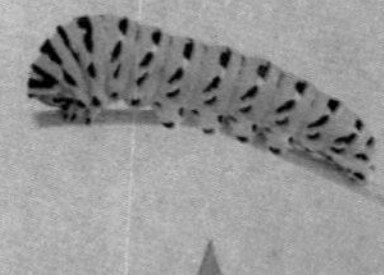

nán jí lín xiā rú guǒ bèi bǔ lāo huì zào chéng shén me hòu guǒ
南极磷虾如果被捕捞会造成什么后果？

nán jí de xià tiān tè bié shì hé guī zǎo fán zhí yǐ guī zǎo wéi shí
南极的夏天特别适合硅藻繁殖，以硅藻为食
de lín xiā yě hěn duō nán jí lín xiā shì rén lèi fēng fù de shí wù zī
的磷虾也很多。南极磷虾是人类丰富的食物资
yuán dàn lín xiā yě shì nán jí jīng lèi hǎi bào hé qǐ é de shí wù
源。但磷虾也是南极鲸类、海豹和企鹅的食物，
rén lèi de bǔ lāo huì zhí jiē dǎo zhì nán jí zhè xiē shēng wù de sǐ wáng
人类的捕捞会直接导致南极这些生物的死亡，
shèn zhì miè jué
甚至灭绝。

南极磷虾

wèi shén me ào dà lì yà de dài shǔ tè bié duō
为什么澳大利亚的袋鼠特别多？

dài shǔ shì ào dà lì yà tè yǒu de dòng wù ào dà lì yà rén duì
袋鼠是澳大利亚特有的动物，澳大利亚人对
dài shǔ yǒu yī zhǒng piān ài tā men bǎ dài shǔ dàng chéng guó jiā de xiàng
袋鼠有一种偏爱，他们把袋鼠当成国家的象
zhēng lián guó huī shang dōu yǒu dài shǔ de xíng xiàng rén men
征，连国徽上都有袋鼠的形象。人们
de bǎo hù jiā shàng tiān dí hěn shǎo ào dà lì yà de dài
的保护加上天敌很少，澳大利亚的袋
shǔ shù liàng jiù tè bié duō shèn zhì yǐ jīng yǐng xiǎng dào
鼠数量就特别多，甚至已经影响到
le dāng dì jū mín de zhèng cháng shēng huó
了当地居民的正常生活。

袋鼠

wèi shén me dù dù niǎo huì miè jué
为什么渡渡鸟会灭绝？

dù dù niǎo shì yī zhǒng bù huì fēi de niǎo shēng
渡渡鸟是一种不会飞的鸟，生
huó zài yìn dù yáng de máo lǐ qiú sī dǎoshang shì
活在印度洋的毛里求斯岛上。16 世
jì hòu qī ōu zhōu rén dēngshàng le zhè zuò xiǎo dǎo kāi
纪后期，欧洲人登上了这座小岛，开
shǐ dà sì bǔ shā dù dù niǎo pò huài dù dù niǎo de
始大肆捕杀渡渡鸟，破坏渡渡鸟的
shēngcúnhuánjìng nián dù dù niǎocóng
生存环境。1681 年，渡渡鸟从
dì qiú shangxiāo shī le
地球上消失了。

渡渡鸟

hé lí zhù bà huì yǐngxiǎngzhōu wéi de shēng tài huán jìng ma
河狸筑坝会影响周围的生态环境吗？

hé lí shì yī zhǒngzhēn guì de bǔ rǔ dòng wù zhù bà shì tā men de shēnghuó xí xìng
河狸是一种珍贵的哺乳动物，筑坝是它们的生活习性。
hé lí zhù bà huì duì zhōuwéi de shēng tài huánjìng chǎnshēng yǐngxiǎng hé lí bà xù shuǐ hòu huì shǐ
河狸筑坝会对周围的生态环境产生影响，河狸坝蓄水后会使
liǎng àn de tǔ dì chéngwéi shī dì néngzēng jiā shēngmìng de duōyàngxìng bìngnéng gǎi shànzhōuwéi
两岸的土地成为湿地，能增加生命的多样性并能改善周围
de huánjìng
的环境。

河狸坝是河狸为了筑巢而用树枝、泥巴蓄水筑起的坝。

北极大企鹅是怎样灭绝的？

很久以前，北极也有过企鹅。北极企鹅被称为"大企鹅"，背部的羽毛呈黑色，腹部雪白。然而，随着探险家和移民的到来，大企鹅遭到了大规模的捕杀，直至灭绝。

北极大企鹅

人们为什么要捕杀鲸？

人们捕杀鲸是因为它身上有太多可以被人使用的价值，鲸肉可以食用，脂肪可以制造肥皂和蜡烛，鲸须还能制造雨伞的伞骨。人类捕鲸的行为已经使鲸的数量大大减少，因此，现在国际上明令禁止捕鲸。

早期的捕鲸场景

鲸

jīng de miè jué huì duì rén lèi zào chéng shén me yǐng xiǎng
鲸的灭绝会对人类造成什么影响？

jīng yī dàn miè jué huì zào chéng hǎi yáng fú yóu shēng wù hé xiǎo xíng hǎi yáng shēng wù de dà
鲸一旦灭绝，会造成海洋浮游生物和小型海洋生物的大
liàng fán zhí shǐ hǎi shuǐ shuǐ zhì biàn huài zuì hòu dǎo zhì zhěng gè hǎi yáng shēng tài píng héng de pò
量繁殖，使海水水质变坏，最后导致整个海洋生态平衡的破
huài hǎi yáng duì rén lèi de shēng cún hé fā zhǎn dōu yǒu zhe zhòng yào de zuò yòng hǎi yáng huán jìng
坏。海洋对人类的生存和发展都有着重要的作用，海洋环境
de pò huài yě shì bì huì gěi rén lèi dài lái bù kě gū liang de hòu guǒ
的破坏也势必会给人类带来不可估量的后果。

dòng wù wèi shén me huì miè jué
动物为什么会灭绝？

zì dì qiú shang chū xiàn dòng wù yǐ lái yǒu hěn duō wù zhǒng dōu zǎo yǐ xiāo shī rú
自地球上出现动物以来，有很多物种都早已消失，如6500
wàn nián qián miè jué de kǒng lóng dòng wù yīn wèi huán jìng qì hòu děng yīn sù miè jué běn lái shì
万年前灭绝的恐龙。动物因为环境、气候等因素灭绝，本来是
shēng mìng jìn huà guò chéng zhōng de zhèng cháng xiàn xiàng dàn suí zhe rén lèi huó dòng de jiā jù dòng
生命进化过程中的正常现象，但随着人类活动的加剧，动
wù miè jué de sù dù yǐ jīng bǐ yǐ qián tí gāo le shàng qiān bèi
物灭绝的速度已经比以前提高了上千倍！

人类对自然环境的破坏，加剧了物种灭绝的速度。

为什么地球上的物种会急剧减少？

地球上的物种急剧减少，和人类的活动有很大关系。城市的建设使自然环境发生了巨大的改变，很多野生生物的生存环境遭到破坏，最后只有灭绝。人类的捕杀也是物种减少的重要原因。

为什么要保护红树林？

红树林生长在陆地和海洋交界带的滩涂浅滩，它不仅为海洋动物提供了良好的生长发育环境，还能保护沿海的堤岸，改善海滩的自然环境。因此，我们要保护红树林。

红树林海岸

珊瑚礁是许多海洋生物的栖息之所。

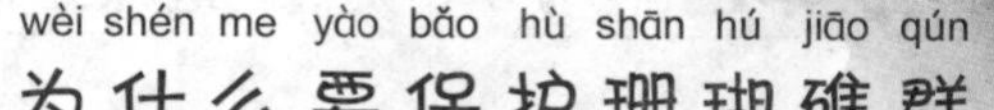

为什么要保护珊瑚礁群？

wèi shén me yào bǎo hù shān hú jiāo qún

hǎi yáng zhōng shēng zhǎng zhe xǔ duō měi lì de shān hú tā men sǐ wáng zhī hòu shí huī zhì gǔ gé jiù jī lěi xià lái xíng chéng le shān hú jiāo shān hú jiāo bù jǐn xiàng yī dào dào píng zhàng bǎo hù zhe hǎi àn xiàn hái shì gè zhǒng yú xiā lèi qī xī hé mì shí de chǎng suǒ duì wéi chí hǎi yáng shēng tài píng héng yǒu zhe zhòng yào de zuò yòng

海洋中生长着许多美丽的珊瑚。它们死亡之后，石灰质骨骼就积累下来形成了珊瑚礁。珊瑚礁不仅像一道道屏障，保护着海岸线，还是各种鱼虾类栖息和觅食的场所，对维持海洋生态平衡有着重要的作用。

为什么要保护珍稀野生动植物？

wèi shén me yào bǎo hù zhēn xī yě shēng dòng zhí wù

xiàn zài dì qiú shang píng jūn bù dào liǎng nián jiù yǒu yī zhǒng yě shēng shēng wù miè jué bù shǎo dòng zhí wù yě chǔ yú miè zhǒng de biān yuán wù zhǒng de miè jué shǐ shēng cún huán jìng è huà rén lèi zì shēn yě jiāng zāo dào jù dà de zāi nàn wèi le bǎo chí dì qiú shēng wù de duō yàng xìng yě wèi le bǎo hù rén lèi zì jǐ rén men yīng gāi bǎo hù zhēn xī de yě shēng dòng zhí wù

现在，地球上平均不到两年就有一种野生生物灭绝，不少动植物也处于灭种的边缘。物种的灭绝使生存环境恶化，人类自身也将遭到巨大的灾难。为了保持地球生物的多样性，也为了保护人类自己，人们应该保护珍稀的野生动植物。

珍稀野生动物——大熊猫

如果没有植物，人类会怎么样？

植物与人类的生活息息相关。如果地球上没有了植物，人类面临的现实只有死亡。植物利用本身的光合作用，吸入二氧化碳，呼出氧气，若是没有了植物的氧气供应，我们就没有生存的希望。植物也是人类不可或缺的食物来源，我们所吃的粮食、蔬菜和水果都来自于植物。另外，植物组成的森林还能涵养水源，防风固沙。失去了森林的地球，将会变得洪水肆虐、黄沙漫天。一句话，如果没有了植物，地球上的生物包括人类自身，都会遭受灾难性的打击。

植物是我们许多营养物质的来源。

nǐ zhī dào shì jiè huán jìng rì shì shén me shí hou
你知道世界环境日是什么时候？

nián yuè rì lián hé guó zài ruì diǎnshǒudōu sī dé gē
1972年6月5日，联合国在瑞典首都斯德哥
ěr mó zhào kāi le rén lèi huánjìng huì yì tōngguò le rén lèi huánjìng xuān
尔摩召开了人类环境会议，通过了《人类环境宣
yán bìng tí chūjiāng měi nián de yuè rì dìng wéi shì jiè huánjìng rì
言》，并提出将每年的6月5日定为“世界环境日”。

wèi shén me yào jiàn lì zì rán bǎo hù qū
为什么要建立自然保护区？

jiàn lì zì rán bǎo hù qū de mù dì shì
建立自然保护区的目的是
bǎo hù zhēn guì de xī yǒu de dòng zhí wù zī yuán yǐ jí bǎo
保护珍贵的、稀有的动植物资源，以及保
hù dài biǎo bù tóng zì rán dì dài de zì rán huánjìng shēng tài xì tǒng
护代表不同自然地带的自然环境生态系统。
zì rán bǎo hù qū bù jǐn shì zhěng jiù bīn wēi shēng wù wù zhǒng
自然保护区不仅是拯救濒危生物物种
de bì hù suǒ ér qiě hái shì yán jiū gè zhǒng shēng wù
的庇护所，而且还是研究各种生物
de shēng tài hé tè xìng de zhòng yào chǎng suǒ
的生态和特性的重要场所。

自然保护区是珍稀动植物们的天堂。

图书在版编目（CIP）数据

生命之谜/青少科普编委会编著. —长春：吉林科学技术出版社，2012.12（2019.1重印）
（十万个未解之谜系列）
ISBN 978-7-5384-6373-6

Ⅰ.①生… Ⅱ.①青… Ⅲ.①生命－科学－青年读物②生命－科学－少年读物 Ⅳ.①Q1-0

中国版本图书馆CIP数据核字（2012）第275155号

十万个未解之谜系列

生命之谜

编　　著　青少科普编委会
编　　委　侣小玲　金卫艳　刘　珺　赵　欣　李　婷　王　静　李智勤
　　　　　赵小玲　李亚兵　刘　彤　靖凤彩　袁晓梅　宋媛媛　焦转丽
出 版 人　李　梁
选题策划　赵　鹏
责任编辑　万田继
封面设计　长春茗尊平面设计有限公司
制　　版　张天力
开　　本　710×1000　1/16
字　　数　150千字
印　　张　10
版　　次　2013年5月第1版
印　　次　2019年1月第7次印刷

出　　版　吉林出版集团
　　　　　吉林科学技术出版社
发　　行　吉林科学技术出版社
地　　址　长春市人民大街4646号
邮　　编　130021
发行部电话／传真　0431-85635177　85651759　85651628
　　　　　　　　　85677817　85600611　85670016
储运部电话　0431-84612872
编辑部电话　0431-85630195
网　　址　http://www.jlstp.com
印　　刷　北京一鑫印务有限责任公司

书　　号　ISBN 978-7-5384-6373-6
定　　价　24.80元
如有印装质量问题　可寄出版社调换